新时代海上工程创新技术与实践丛书

编委会主任　邱大洪
编委会副主任　练继建

淤泥质海滩电厂
全天候取水工程关键技术

韩　信　孙林云

| 著 |

上海科学技术出版社

图书在版编目（CIP）数据

淤泥质海滩电厂全天候取水工程关键技术 / 韩信,
孙林云著. -- 上海：上海科学技术出版社，2021.10
（新时代海上工程创新技术与实践丛书）
ISBN 978-7-5478-4714-5

Ⅰ. ①淤… Ⅱ. ①韩… ②孙… Ⅲ. ①电厂—取水—
水利工程 Ⅳ. ①TM62

中国版本图书馆CIP数据核字(2021)第182923号

本书由南京水利科学研究院出版基金资助

淤泥质海滩电厂全天候取水工程关键技术
韩 信 孙林云 著

上海世纪出版(集团)有限公司
上海 科 学 技 术 出 版 社 出版、发行
(上海钦州南路 71 号 邮政编码 200235 www.sstp.cn)
上海盛通时代印刷有限公司印刷
开本 787×1092 1/16 印张 14
字数 280 千字
2021 年 10 月第 1 版 2021 年 10 月第 1 次印刷
ISBN 978 - 7 - 5478 - 4714 - 5 /P·46
定价：125.00 元

内容提要

　　本书系统总结了天津北疆发电厂全天候取水工程关键技术及工程实践成果,对淤泥质海滩取水工程设计建设具有指导和借鉴意义。本书共分6章:第1章介绍了海岸取水工程相关知识和淤泥质海岸取水工程(2005年之前)典型案例主要问题;第2章阐述了淤泥质海岸地貌、水动力及泥沙运动的主要特性;第3章结合天津北疆发电厂取水工程,系统介绍了全天候取水工程方案;第4章概述全天候取水工程两级沉淀池方案及其取水工艺流程;第5章简述了全天候取水工程两级沉淀池实际采用方案,回顾了天津北疆发电厂项目实施主要历程,简要评估了项目工程实施效果和工程对附近海域岸滩产生的影响;第6章总结了淤泥质海滩全天候取水工程关键技术与创新研究成果,提出了后续可以深入研究的学术性问题。

　　本书是著者及其研究团队在海岸取水工程领域研究和工程应用的总结,旨在为从事海岸工程的技术人员了解淤泥质海滩全天候大流量高标准取水工程的前沿发展,进一步开展相关工程建设和研究提供借鉴和指导。本书可供从事水利、海岸工程及泥沙研究的科研、设计、建设和管理人员参考,也可供海岸工程专业相关院校师生参考。

重大工程建设关键技术研究
编委会

总主编

孙　钧　　同济大学教授,中国科学院院士

学术顾问

邱人洪　　大连理工大学教授,中国科学院院士

钱七虎　　中国人民解放军陆军工程大学教授,中国工程院院士

郑皆连　　广西大学教授,中国工程院院士

陈政清　　湖南大学教授,中国工程院院士

吴志强　　同济大学教授,中国工程院院士

王　平　　西南交通大学教授

刘斯宏　　河海大学教授

杨东援　　同济大学教授

近年来,我国各项基础设施建设的发展如火如荼,"一带一路"建设持续推进,许多重大工程项目如雨后春笋般蓬勃兴建,诸如三峡工程、青藏铁路、南水北调、三纵四横高铁网、港珠澳大桥、上海中心大厦,以及由我国援建的雅万高铁、中老铁路、中泰铁路、瓜达尔港、比雷埃夫斯港,等等,不一而足。毋庸置疑,我国已成为世界上建设重大工程最多的国家之一。这些重大工程项目就其建设规模、技术难度和资金投入等而言,不仅在国内,即使在全球范围也都位居前茅,甚至名列世界第一。在这些工程的建设过程中涌现的一系列重大关键性技术难题,通过分析探索创新,很多都得到了很好的优化和解决,有的甚至在原来的理论、技术基础上创造出了新的技术手段和方法,申请了大量的技术专利。例如,632 m 的上海中心大厦,作为世界最高的绿色建筑,其建设在超高层设计、绿色施工、施工监理、建筑信息化模型(BIM)技术等多方面取得了多项科研成果,申请到 8 项发明专利、授权 12 项实用新型技术。仅在结构工程方面,就应用到了超深基坑支护技术、超高泵送混凝土技术、复杂钢结构安装技术及结构裂缝控制技术等许多创新性的技术革新成果,有的达到了世界先进水平。这些优化、突破和创新,对我国工程技术人员将是非常宝贵的参考和借鉴。

在 2016 年 3 月初召开的全国人大全体会议期间,很多代表谈到,极大量的技术创新与发展是"十三五"时期我国宏观经济实现战略性调整的一项关键性驱动因素,是实现国家总体布局下全面发展的根本支撑和关键动力。

同时,在新一轮科技革命的机遇面前,也只有在关键核心技术上一个个地进行创新突破,才能实现社会生产力的全面跃升,使我国的科研成果和工程技术掌控两者的水平和能力尽早、尽快地全面进入发达国家行列,从而在国际上不断提升技术竞争力,而国力将更加强大!当前,许多工程技术创新得到了广泛的认可,但在创新成果的推广应用中却还存在不少问题。在重大工程建设领域,关键工程技术难题在实践中得到突破和解决后,需要把新的理论或方法进一步梳理总结,再一次次地广泛应用于生产实践,反过来又将再次推动技术的更进一步的创新和发展，是为技术的可持续发展之巨大推动力。将创新成果进行系统总结，出版一套有分量的技术专著是最有成效的一个方法。这也是出版"重大工程建设关键技术研究"丛书的意义之所在。以推广学术上的创新为主要目标，"重大工程建设关键技术研究"丛书主要具有以下几方面的特色：

1. 聚焦重大工程和关键项目。目前，我国基础设施建设在各个领域蓬勃开展，各类工程项目不断上马，从项目体量和技术难度的角度，我们选择了若干重大工程和关键项目，以此为基础，总结其中的专业理论和专业技术使之编纂成书。由于各类工程涉及领域和专业门类众多，专业学科之间又有相互交叉和融合，难以单用某个专业来设定系列丛书，所以仍然以工程大类为基本主线，初步拟定了隧道与地下工程、桥梁工程、铁道工程、公路工程、超高层与大型公共建筑、水利工程、港口工程、城市规划与建筑共八个领域撰写成系列丛书，基本涵盖了我国工程建设的主要领域，以期为未来的重大工程建设提供专业技术参考指导。由于涉及领域和专业多，技术相互之间既有相通之处，也存在各自的不同，在交叉技术领域又根据具体情况做了处理，以避免内容上的重复和脱节。

2. 突出共性技术和创新成果，侧重应用技术理论化。系列丛书围绕近年来重大工程中出现的一系列关键技术难题，以项目取得的创新成果和技术突破为基础，有针对性地梳理各个系列中的共性、关键或有重大推广价值的技术经验和科研成果，从技术方法和工程实践经验的角度进行深入、系统而又详尽的分析和阐述，为同类难题的解决和技术的提高提供切实的理论依据和应用参考。在"复杂地质与环境条件下隧道建设关键技术丛书"（钱七虎院士任编委会主任）中，对当前隧道与地下工程施工建设中出现的关键问题进行了系统阐述并形成相应的专业技术理论体系，包括深长隧道重大突涌水灾害预测预警与风险控制、盾构工程遇地层软硬不均与极软地层的处理、类矩形盾构法、水下盾构隧道、地面出入式盾构法隧道、特长公路隧道、隧道地质三维探测、盾构隧道病害快速检测、隧道及地下工程数字化、软岩大变形隧道新型锚固材料等，使得关键问题在研究中得到了不同程度的解决和在后续工程中的有效实施。

3. 注重工程实用价值。系列丛书涉及的技术成果要求在国内已多次采用,实践证明是可靠的、有效的,有的还获得了技术专利。系列丛书强调以理论为引领,以应用为重点,以案例为说明,所有技术成果均要求以工程项目为背景,以生产实践为依托,使丛书既富有学术内涵,又具有重要的工程应用价值。如"长大桥梁建养关键技术丛书"(郑皆连院士任编委会主任、陈政清院士任副主任),围绕特大跨度悬索桥、跨海长大桥梁、多塔斜拉桥、特大跨径钢管混凝土拱桥、大跨度人行桥、大比例变宽度空间索面悬索桥等重大桥梁工程,聚焦长大桥梁的设计创新理论、施工创新技术、建设难点的技术突破、桥梁结构健康监测与状态评估、运营期维修养护等,主要内容包括大型钢管混凝土结构真空辅助灌注技术、大比例变宽度空间索面悬索桥体系、新型电涡流阻尼减振技术、长大桥梁的缆索吊装和斜拉扣挂施工、超大型深水基础超高组合桥塔、变形智能监测、基于BIM的建养一体化等。这些技术的提出以重大工程建设项目为依托,包括合江长江一桥、合江长江二桥、巫山长江大桥、桂广铁路南盘江大桥、张家界大峡谷桥、西堠门大桥、嘉绍大桥、港珠澳大桥、虎门二桥等,书中对涉及具体工程案例的相关内容进行了详尽分析,具有很好的应用参考价值。

4. 聚焦热点,关注风险分析、防灾减灾、健康检测、工程数字化等近年来出现的新兴分支学科。在绿色、可持续发展原则指导下,近年来基础建设领域的技术创新在节能减排、低碳环保、绿色土木、风险分析、防灾减灾、健康检测(远程无线视频监控)、工程使用全寿命周期内的安全与经济,可靠性和耐久性、施工技术组织与管理、数字化等方面均有较多成果和实例说明,系列丛书在这些方面也都有一定体现,以求尽可能地发挥丛书对推动重大工程建设的长期、绿色、可持续发展的作用。

5. 设立开放式框架。由于上述的一些特性,使系列丛书各分册的进展快慢不一,所以采用了开放式框架,并在后续系列丛书各分册的设定上,采用灵活的分阶段付梓出版的方式。

6. 主编作者具备一流学术水平，从而为丛书内容的学术质量打下了坚实的基础。各个系列丛书的主编均是该领域的学术权威，在该领域具有重要的学术地位和影响力。如陈政清教授，中国工程院院士，"985"工程首席科学家，桥梁结构与风工程专家；郑皆连教授，中国工程院院士，路桥工程专家；钱七虎教授，中国工程院院士，防护与地下工程专家；吴志强教授，中国工程院院士，城市规划与建设专家；等等。而参与写作的主要作者都是活跃在我国基础设施建设科研、教育和工程的一线人员，承担过重大工程建设项目或国家级重大科研项目，他们主要来自中铁隧道局集团有限公司、中交隧道工程局有限公司、中铁十四局集团有限公司、中交第一公路工程局有限公司、青岛地铁集团有限公司、上海城建集团、中交公路规划设计院有限公司、陆军研究院工程设计研究所、招商局重庆交通科研设计院有限公司、天津城建集团有限公司、浙江省交通规划设计研究院、江苏交通科学研究院有限公司、同济大学、河海大学、西南交通大学、湖南大学、山东大学等。各位专家在承担繁重的工程建设和科研教学任务之余，奉献了自己的智慧、学识和汗水，为我国的工程技术进步做出了贡献，在此谨代表丛书总编委对各位的辛劳表示衷心的感谢和敬意。

当前，不仅国内的各项基础建设事业方兴未艾，在"一带一路"倡议下，我国在海外的重大工程项目建设也正蓬勃发展，对高水平工程科技的需求日益迫切。相信系列丛书的出版能为我国重大工程建设的开展和创新科技的进步提供一定的助力。

孙 钧

2017 年 12 月，于上海

孙钧先生，同济大学一级荣誉教授，中国科学院资深院士，岩土力学与工程国内外知名专家。"重大工程建设关键技术研究"系列丛书总主编。

基础设施互联互通,包括口岸基础设施建设、陆水联运通道等是"一带一路"建设的优先领域。开发建设港口、建设临海产业带、实现海洋农牧化、加强海洋资源开发等是建设海洋经济强国的基本任务。我国海上重大基础设施起步相对较晚,进入 21 世纪后,在建设海洋强国战略和《交通强国建设纲要》的指引下,经过多年发展,我国海洋事业总体进入了历史上最好的发展时期,海上工程建设快速发展,在基础研究、核心技术、创新实践方面取得了明显进步和发展,这些成就为我们建设海洋强国打下了坚实基础。

为进一步提高我国海上基础工程的建设水平,配合、支持海洋强国建设和创新驱动发展战略,以这些大型海上工程项目的创新成果为基础,上海科学技术出版社与丛书编委会一起策划了本丛书,旨在以学术专著的形式,系统总结近年来我国在护岸、港口与航道、海洋能源开发、滩涂和海上养殖、围海等海上重大基础建设领域具有自主知识产权、反映最新基础研究成果和关键共性技术、推动科技创新和经济发展深度融合的重要成果。

本丛书内容基于"十一五""十二五""十三五"国家科技重大专项、国家"863"项目、国家自然科学基金等 30 余项课题(相关成果获国家科学技术进步一、二等奖,省部级科技进步特等奖、一等奖,中国水运建设科技进步特等奖等),编写团队涵盖我国海上工程建设领域核心研究院所、高校和骨干企业,如中交水运规划设计院有限公司、中交第一航务工程勘察设计院有限公司、中交第三航务工程勘察设计院有限公司、中交第三航务工程局有限公司、中交第四航务工程局有限公司、交通运输部天津水运工程科学研究院、南京水利科学研究院、中国海洋大学、河海大学、天津大学、上海交通大学、大连理工大学等。优秀的作者团队和支撑课题确保了本丛书具有理论的前沿性、内容的原创性、成果的创新性、技术的引领性。

例如,丛书之一《粉沙质海岸泥沙运动理论与港口航道工程设计》由中交第一航务工程勘察设计院有限公司编写,在粉沙质海岸港口航道等水域设计理论的研究中,该书创新性地提出了粉沙质海岸航道骤淤重现期的概念,系统提出了粉沙质海岸港口水域总体布置的设计原则和方法,科学提出了航道两侧防沙堤合理间距、长度和堤顶高程的确定原则和方法,为粉沙质海岸港口建设奠定了基础。研究成果在河北省黄骅港、唐山港京唐港区,山东省潍坊港、滨州港、东营港,江苏省滨海港区,以及巴基斯坦瓜达尔港、印度尼西亚AWAR电厂码头等10多个港口工程中成功转化应用,取得了显著的社会和经济效益。作者主持承担的"粉砂质海岸泥沙运动规律及工程应用"项目也荣获国家科学技术进步二等奖。

在软弱地基排水固结理论中,中交第四航务工程局有限公司首次建立了软基固结理论模型、强度增长和沉降计算方法,创新性提出了排水固结法加固软弱地基效果主要影响因素;在深层水泥搅拌法(DCM)加固水下软基创新技术中,成功自主研发了综合性能优于国内外同类型施工船舶的国内首艘三处理机水下DCM船及新一代水下DCM高效施工成套核心技术,并提出了综合考虑基础整体服役性能的施工质量评价方法,多项成果达到国际先进水平,并在珠海神华、南沙三期、香港国际机场第三跑道、深圳至中山跨江通道工程等多个工程中得到了成功应用。研究成果总结整理成为《软弱地基加固理论与工艺技术创新应用》一书。

海上工程中的大量科技创新也带来了显著的经济效益,如《水运工程新型桶式基础结构技术与实践》一书的作者单位中交第三航务工程勘察设计院有限公司和连云港港30万吨级航道建设指挥部提出的直立堤采用单桶多隔仓新型桶式基础结构为国内外首创,与斜坡堤相比节省砂石料80%,降低工程造价15%,缩短建设工期30%,创造了月施工进尺651 m的最好成绩。项目成果之一《水运工程桶式基础结构应用技术规程》(JTS/T167-16—2020)已被交通运输部作为水运工程推荐性行业标准。

其他如总投资15亿元、采用全球最大的海上风电复合筒型基础结构和一步式安装的如东海上风电基地工程项目,荣获省部级科技进步奖的"新型深水防波堤结构形式与消浪块体稳定性研究",以及获得多项省部级科技进步奖的"长寿命海工混凝土结构耐久性保障相关技术"等,均标志着我国在海上工程建设领域已经达到了一个新的技术高度。

丛书的出版将有助于系统总结这些创新成果和推动新技术的普及应用,对填补国内相关领域创新理论和技术资料的空白有积极意义。丛书在研讨、策划、组织、编写和审稿的过程中得到了相关大型企业、高校、研究机构和学会、协会的大力支持,许多专家在百忙之中给丛书提出了很多非常好的建议和想法,在此一并表示感谢。

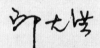

2020 年 10 月

邱大洪先生,大连理工大学教授,中国科学院资深院士,海岸和近海工程专家。"新时代海上工程创新技术与实践丛书"编委会主任。

2005 年,天津滨海新区成为国家重点支持开发开放的国家级新区。《国务院关于推进天津滨海新区开发开放有关问题的意见》(国发[2006]20 号)标志着天津滨海新区作为国家级经济新区正式进入实施阶段,天津滨海新区被纳入国家发展战略。

天津北疆发电厂是 2005 年国务院批准的我国首批循环经济示范试点项目,规划建设 4×1 000 MW 超超临界燃煤发电机组和 40 万 t/天海水淡化工程。该项目分两期实施:一期工程(2×1 000 MW 发电机组和 10 万 t/天海水淡化工程)于 2007 年 7 月正式开工,2009 年 8 月竣工;二期工程于 2014 年 11 月开工,同步建设脱硫脱硝装置、30 万 t/天海水淡化工程、年产 150 万 t 精制盐和 30 万 t 盐化工工程。2018 年 6 月,天津北疆发电厂项目二期工程全面竣工投产,同年 10 月全面通过环保验收。北疆发电厂项目全面投入运营后,年发电量达 220 亿 kW·h,成为环渤海地区重要的电力能源供给基地;每年可向社会提供淡水资源 1.2 亿 t,有效缓解了天津市淡水资源匮乏局面,也为解决天津乃至我国环渤海地区淡水资源匮乏问题探索出了一条切实可行的道路;浓海水制盐、海洋化工相关产品、粉煤灰综合利用资源化等年产值达数百亿元;加上土地节约整理,实现了资源高效利用、能量梯级利用、废弃物全部资源化再利用。

淤泥质海滩滩宽水浅泥多,取水保证率受气候变化影响大,取水工程规划与设计者对于淤泥质海滩通常避而远之。随着相关技术进步和海水淡化成本下降,海水淡化已成为全球应对淡水资源短缺的重要手段之一。我国人均淡水资源仅为世界平均水平的 1/4,在北方沿海缺水地区,国家大力提倡发展海水淡化。随着我国社会经济的发展和资源集约开发利用需求的增加,淤泥质海滩取水成为工程决策者与工程技术工作者的新课题。充分认识淤泥质海滩水动力与泥沙运动规律及其关键影响因子,创新开发适应淤泥质海滩全天候取水成套技术,是突破淤泥质海滩取水技术难题的必由之路,也是开辟淤泥质海滩取水的重要技术基础。

天津北疆发电厂取水工程的成功实践,奠定了发电-海水淡化-浓海水制盐-土地节约整理-废物资源化再利用"五位一体"循环经济模式的坚实基础。天津北疆发电厂一期工程由中国能建规划设计集团北京国电华北电力工程有限公司设计,获得2009年电力行业优秀工程设计一等奖。天津国投津能发电有限公司、南京水利科学研究院和北京国电华北电力工程有限公司联合提出的"淤泥质海滩天津北疆电厂取水工程关键技术研究与应用",填补了国内外淤泥质海滩电厂全天候大流量取水研究的空白,获得2011年度中国电力科学技术成果一等奖。

项目团队主要基于北疆发电厂项目取水工程关键技术的研发过程、工程实施效果、创新成果等总结撰写本书。北疆发电厂取水工程方案的研究论证,实际上经历了沉淀池引潮沟方案、两级沉淀池方案和结合海挡外移两级沉淀池方案三个阶段。本书对淤泥质海滩全天候大流量安全取水的难点、主要影响因子、取水工程方案及其布置优化、取水调度工艺成套技术进行了阐述,介绍了淤泥海滩取水工程方案论证比选研究创新的思路和采用的综合技术手段,可供借鉴参考。

本书的编写与出版得到了天津国投津能发电有限公司、北京国电华北电力工程有限公司、南京水利科学研究院、上海科学技术出版社的大力支持,在此一并诚挚感谢!

由于淤泥质海滩泥沙运动的复杂性,相关研究仍在不断深化之中,加之作者水平有限,难免有疏漏之处,敬请读者批评指正。

作　者

2021年5月

目录

第 1 章

海岸取水工程概述

1.1 取水工程

1.1.1 一般定义

水是生命之源,也是人类文明进步与发展不可或缺的自然资源之一。

根据世界气象组织(WMO)和联合国教科文组织(UNESCO)*International Glossary Of Hydrology*(第三版,2012)的定义,水资源是指可资利用或有可能被利用的水源,这个水源应具有足够的数量和合适的质量,并满足某一地方在一段时间内具体利用的需求。根据全国科学技术名词审定委员会公布的《水利科技名词》(科学出版社,1997)中有关水资源的定义,水资源是指地球上具有一定数量和可用质量且能从自然界获得补充并可资利用的水。

水资源的定义分广义水资源和狭义水资源两种:广义水资源是指世界上一切水体;狭义水资源仅仅是指在一定时期(通常为1年)内能被人类直接或间接开发利用的那部分动态水体。水资源的当下可供使用量是一个重要指标。有些用水需求是季节性或暂时性的,如农业用水具有明显的季节性,养殖业(场)春季时需水量大、冬季用水量大幅减小。这类供水系统需要具备大容量储水,并要有在短时间内释放的能力。另一些用水需求则是经常性的,如城市生活、发电厂冷却用水等。对于这类用水需求,供水系统除了具有一定流量连续供水能力外,也要有一定容量的储存备用水。

在人类生存的地球上,随着温度与气压的变化,水的物理性状可呈现液态、气态和固态。水通常还有淡水与海水之分。当然,由于水资源研究或利用目的不同,还有许多种水的分类方法和对特定类型水的特性描述。本书所述水资源,仅指地表水。

淡水来源主要为地表水、地下水和海水淡化。地表水是指冰川、河流、湖泊或沼泽之水。地表水由经年累月自然降水和降雪累积而成,会因自身重力作用而自然地流淌到海洋或因蒸发消隐于大气中,还可渗流至地下。地下水是储存于包气带以下地层空隙(包括岩石孔隙、裂隙和溶洞)之中的水。海水淡化是一个将海水转化为淡水的过程,最常见的方式是蒸馏法与逆渗透法。

人类文明发展与水有着密不可分的关系。伴随着人类社会的发展,历史上世界众多城市大多傍水而建。当今世界主要发达国家经济最富有活力、最繁华的都市大多数位于大江大河或沿海地区,如美国的纽约(大西洋海岸,美国称东海岸)、旧金山(太平洋西岸,美国称西海岸)等;欧洲英国的伦敦(泰晤士河)、荷兰的鹿特丹(位于莱茵河与马斯河汇合处,有欧洲第一大港之称)、意大利的威尼斯[亚得里亚海(Adriatic Sea),享有"水城""水上都市""百岛城"等美誉]等;非洲埃及的开罗(尼罗河)等;我国的宜宾(长江上游)、武汉(长江中游)、南京(长江下游)、上海(长江口黄浦江畔、东海之滨)、兰州(黄河上游)、郑州(黄河中游)、广州(珠江口、南海伶仃洋)、深圳(南海深圳湾、大鹏湾)、香港(南海大鹏湾)、天津(海河、渤海湾)等。人类社会离不开对水资源的依赖,就必须依靠和使用供水系统,也就离不开取水工程。

一般而言,取水工程是指引取河流、湖泊、水库、海洋等地表水,并将其输送至水处理厂或输入特定供(用)水管网的石工或混凝土构筑物或建筑物。其主体通常由取水建筑物和输水建筑物两部分组成,用以提供无污染、没有泥沙和漂浮物的相对清洁之水。这里所指清洁之水,可以是淡水,也可以是海水。取水工程一般被用于农业灌溉、畜牧业养殖、水产养殖、工业生产、城镇居民生活用水等。

1.1.2 取水工程选址一般原则

取水工程选址的主要决定因素是取水量、水质要求和取水保证率,取水工程选址一般应遵循以下原则:

(1) 即使在最不利条件下也要能够取到水,通常首选取水口充分低于水源水面线。

(2) 选址与水处理厂尽可能近。

(3) 选址处应无污染,最好位于城市上游的河道或水源,以免受到污染。

(4) 取水工程应不干扰水运交通。

(5) 选址处应有可利用的良好地基条件。

(6) 选址处应能取到无淤泥、泥沙和污染物的相对清水,即应远离急流。

1.1.3 取水工程常用类型

取水工程的分类方法较多,按取水工程构筑物结构型式可划分成以下类型[1]:

1) 无坝取水

当河道或湖泊等水源枯水期水位和流量都能满足灌溉或城市供水要求时,可在岸边选择适宜地点设置取水构筑物,自流引水灌溉或提水供水,这种取水称为无坝取水。其特点是工程简单,但不能控制水源水位和流量,枯水期引水保证率低。

2) 有坝取水

河流水量充沛但水位较低,当不能进行自流灌溉、引水发电及城市供水时,可以在适当地点建筑溢流坝或拦河闸,抬高水位以满足供水需要,这种取水称为有坝取水。与无坝取水相比,新增了建坝(或建闸)相关工程,取水保证率得到提高,同时也可为引水冲刷及综合利用创造有利条件。

3）水库取水

当河道年径流量能够满足灌溉等用水要求,但其流量过程与用水季节性所需水量不相适应时,则需建筑拦河大坝形成水库,这种取水称为水库取水。与无坝取水相比,水库取水坝身较高、库容较大,能够进行季节性流量调节。水库能满足灌溉、发电、城市生活及工业用水等,是综合利用水资源的有效措施。

4）泵站取水

当河道水量充沛但水位较低,且不能拦河筑坝或不具备拦河筑坝条件时,为了满足灌溉、城市供水、工业生产等用水或跨流域调水,就需要采用建设泵站取水,这种取水称为泵站取水。与前三种取水类型相比,泵站取水基本摆脱了水源地水位对取水的制约。此外,与泵站取水相衔接的输水构(建)筑物的选择性更为广泛,如采用河(渠)道、隧(涵)洞、管道乃至渡槽均可。泵站取水或提水还被广泛地使用于城市防洪排涝系统之中。

5）凿井取水

除上述四种常用取水工程类型外,凿井取水也较为常见。在河流等地表水稀少的干旱或沙漠地区,或者为了取得优于地表水水质之水以供饮用,常采用凿井方式汇聚地下水取水,这种取水称为凿井取水。凿井取水是人类在生存发展历史上采用的古老取水方式之一,因其规模小,供水能力十分有限,难以满足现代城市化或工业用水需求。

1.1.4 引水枢纽工程的等级划分

对于灌溉引水枢纽工程,其等别划分应遵照住房城乡建设部 2018 年更新颁布的《灌溉与排水工程设计标准》(GB 50288—2018)执行,其具体指标见表 1-1。对于灌溉提水枢纽工程等别应按单站装机流量或单站装机功率大小确定(表 1-2)。取水工程等级划分可参照上述标准。

表 1-1 引水枢纽工程分等指标

工程等别	一	二	三	四	五
规 模	大(1)型	大(2)型	中型	小(1)型	小(2)型
引水流量(m^3/s)	>200	200~50	50~10	10~2	<2

表 1-2 灌溉、提水枢纽工程分等指标

泵站等别	泵站规模	分等指标	
		装机流量(m^3/s)	装机功率(MW)
I	大(1)型	>200	>30
II	大(2)型	200~50	30~10

（续表）

泵站等别	泵站规模	分等指标	
		装机流量（m³/s）	装机功率（MW）
Ⅲ	中型	50～10	10～1
Ⅳ	小（1）型	10～2	1～0.1
Ⅴ	小（2）型	<2	<0.1

注：1. 装机流量、装机功率是指单站指标，且包括备用机组在内。
　　2. 由多级或多座泵站联合组成的泵站工程的等别，可按其整个系统的分等指标确定。
　　3. 当泵站按分等指标分离两个不同等别时，应以其中的高等别为准。

1.2　海岸取水工程

1.2.1　海岸取水工程特点

与河道、水库、湖泊等内陆水源取水工程相比，海岸取水工程需要面对的自然环境因素更加复杂，且其中有些因素的变化更为频繁。例如，海岸取水工程引取的海水含有氯化钠、氯化镁、硫酸镁等多种盐分，近岸水域海洋附着生物众多，存在取水工程建（构）筑物腐蚀、海生生物赘生等问题；海水潮涨潮落，除了存在年际间差异、月内大中小潮变化，还有日内高低潮不同，更有强烈的天气系统引起风暴潮；海岸波浪随气象变化而变化，有时风平浪静，有时波涛汹涌、巨浪拍岸；虽然特定海岸的波浪变化呈现一定的规律性，但某些异常气象条件下，波浪会造成水体含沙量急剧增加，还会对包括海岸取水工程等涉海建筑物造成结构性破坏。

此外，海岸取水通常提供给位于高于当地平均海平面的陆上用户使用，所以海岸取水工程系统中"上岸环节"提水构筑物即泵站或泵房必不可少。因此，海岸取水工程必须适应海岸环境条件，除了具备内陆水源取水工程的基本功能特性之外，还应具有提水构筑物是其组成要件、涉水系统应耐海水侵蚀、涉海构筑物能够承受较强海浪作用的特点。

1.2.2　海岸取水工程选址主要原则

（1）地质构造稳定、地形较为开阔。对于基岩海岸，宜选择在地层稳定、地形开阔、便于施工之处，不应选择在岩壁陡峭，有断层、滑坡及岩溶发育的岸段；对于沙质海岸和淤泥质海岸，宜选择在地质构造稳定、海滩冲淤基本平衡的较平直岸段。

（2）选址处海水水质好、漂浮物少、海生物活动少、海浪和海流作用小、泥沙来源少、运动弱、深水线靠近岸边，尽量远离海水养殖业水域、海洋生物保护区、鱼虾集中产卵区或索饵区。海岸取水工程既要保护海生动物，也要防止海生动物对供水系统的危害。

（3）选址处不应影响海运交通、海底油气输送管线、海底电缆等重要工程或设施。

（4）在多沙河口海岸，选址处应不受河口输沙影响或受到影响最小。

（5）若海边电厂有温排水，取水工程应不受温排水影响或受其影响最小。

（6）在常年有海冰凌出现的海岸，通常易于在海湾湾顶形成海冰堆积，应考虑冰凌对取水工程的不利影响。

1.2.3　海岸取水工程类型

1）海边式取水

取水泵房直接布置在海岸岸边、港池岸边、码头前沿，或者取水泵房布置在海岸边一段引水明渠、引水暗沟、引水隧洞的端部，主要引取表层海水或同时引取表层与较深层海水，这种取水方式称为海边式取水，又称开敞式取水。

海边式取水主要适用于海岸陡、岸滩坡度较大，引水口处海水较深或较深水区距岸边较近，海域潮差不大，海水含沙量低，高低潮位差较小、低潮时近岸水深大于 1 m，淤积轻的海岸；或者有可供利用的港池、码头前沿；或者岸线陡峻、岩石性状好，具有开凿隧洞条件的基岩海岸。其优点是系统简单、投资低、便于运行管理；缺点是易受海潮、海浪影响，且泵房受海中微生物危害较大，需做好耐腐蚀及去除微生物工作。为保证安全性与可靠性，泵房一般距离海岸 10～20 m，每台取水泵配置独立取水头、独立取水管，并考虑足够的冗余配置。

海边式取水实例：码头前沿取水，如河北国华黄骅发电厂；短明渠＋暗沟消浪，如辽宁大连开发区热电厂；短明渠＋长隧洞，如辽宁大连电厂；明渠＋短隧洞，如辽宁营口电厂；明渠＋防波堤，如河北秦皇岛电厂等；板桩墙长明沟＋消浪暗沟，如山东东营电厂；多管式犀头＋盾构引水管，如浙江北仑港电厂。

2）海床式取水

为了能取到足量海水，在距岸边较远、破波带以外有足够水深的海区海床上设置钢筋混凝土取水犀头取水，同时引取表层与较深层海水，这种取水方式称为海床式取水。一般采用埋入式耐腐蚀涵管、涵洞或隧道多种方式与取水犀头连接，提水构筑物位置一般选择在临岸或岸上。

海床式取水一般适用于海滩坡度平缓、海域潮差较大且低潮位距海岸边较远，或者海湾条件恶劣（如风大浪高、流冰严重），或者近岸海域海水泥沙含量高的海岸。其优点是所取原水为低温海水，利于电厂冷却或海水淡化厂的运行。缺点是取水管道埋在海床底部，容易积聚海洋生物或泥沙，难以清除；取水管铺设工艺复杂，施工成本高。

海床式取水实例：钢筋混凝土取水犀头＋自流引水暗沟，如厦门嵩屿电厂。

3）引潮蓄水库式取水

在岸边建蓄水库，高潮时引取表层潮水入蓄水库，低潮时段不引水，取水口位于蓄水库中近岸位置,这种取水方式称为引潮蓄水库式取水。按进潮方式不同,又分为引潮沟(渠)进潮、溢流堰进潮、拍门自动进潮和闸门进潮四种引潮入库方式。

引潮蓄水库式取水一般适用于取水海域岸滩平缓、深水区较远且涨落潮位差比较大的海岸。其优点是利用海水涨落潮规律,供水安全可靠,调节能力较大;泵房不需要建在海滩上,以免受海潮威胁;同时蓄水库(池)自身也具有一定的沉淀作用,取水水质较好。缺点是调节水库占地大,投资高;海中微生物生长会导致逆止闸门关闭不严,需考虑配置微生物清除设备与措施。

引潮蓄水库式取水实例:天津大港发电厂。

4) 海滩井式取水

在海岸线边上的海滩上建设取水井,从井里取出经海床渗滤过的海水,这种取水方式称为海滩井式取水。根据不同的构造类型和应用范围,滩井可分为管井、大口井、斜井、水平定向井、辐射井等几种类型。从取水位置的角度看,也可将其划入前述海边式取水,但为非开敞式取水。

海滩井式取水一般认为仅适合于渗水率不小于 1 000 m³/天、沉积物厚度不小于 15 m 的沙质海岸。其优点是取得的源水经过了天然海滩的过滤,浊度低、有机物与微生物含量低、水质好;受潮汐、波浪、风暴潮等的影响小;因取水构筑物和设备大多布置于地下,与周边自然环境融入度较好。缺点是存在建设占地面积较大、所取原水中可能含有铁锰及溶解氧较低、单井取(出)水能力较小(一般为 5 000～50 000 m³/天,即 0.06～0.579 m³/s;最大为 300 000 m³/天,即 3.472 m³/s)等问题。

海滩井式取水实例:浙江嵊山 5 000 m³/天反渗透海水淡化示范工程、马耳他 Pembroke SWRO 海水淡化厂(制水量为 54 000 m³/天)等。

1.3　淤泥质海岸取水工程现状

1.3.1　典型案例

使用海水冷却水量充足、水费低廉、取水水温低,能为电厂经济运行提供较好条件,因而深受电厂欢迎,已经成为沿海地带扩建和计划建设发电厂优先选择的供水方案。不过,因受到自然条件和环境保护要求的限制,取用海水在不同程度上存在一定的难度。

天津大港发电厂是 20 世纪 70 年代末建在淤泥质浅滩上采用海水冷却的发电厂[2],设计装机容量为 1 280 MW,分两期建成。建成后因冷却能力大,20 世纪 90 年代中期又进行了 600 MW 装机容量扩建,现总装机容量为 1 880 MW,总的循环冷却水量为 86 m³/s。图 1 - 1 为大港发电厂供水系统平面布置示意图。

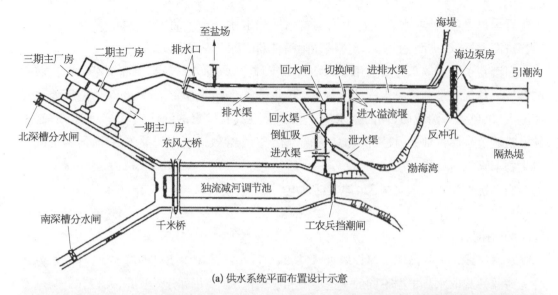

(a) 供水系统平面布置设计示意

(b) 装机容量扩建后供水系统遥感图

图 1-1　天津大港发电厂供水系统平面布置示意图

1.3.2　主要问题

在大港发电厂建设中研究解决过五个方面的问题：泥沙淤积、电厂温排水对海洋生物的影响、对取水海域幼虾的机械损伤、热扩散和热回流对电厂取水的影响、海水浓缩。

上述问题中，泥沙淤积会关乎取水安全（水量和水质均满足设计要求），将直接影响电厂运行安全与成本，甚至可能影响电厂工程的可行性。

由于淤泥质海滩一般滩宽、水浅、沙细、水浑浊，影响淤泥质海岸取水工程取水安全的主要因素是泥沙问题和水量问题。大港发电厂地处渤海湾淤泥海岸，工程区淤泥浅滩平缓,滩面比降为0.7‰～1‰。涨潮时,潮水挟带泥沙至岸边,水深2～3 m;落潮时,水面退离岸边,最远可达5 km以外,大片泥滩出露,造成大量连续取水困难。此外,冬季离岸1 km左右会形成冰坝,坝高2～3 m,历时约3个月,因此冬季取水更为困难。渤海湾内潮汐为不规则半日潮,并具有涨潮历时短、落潮历时长的特点,因此在滩地同一位置上涨潮动力强于落潮动力。而淤泥浅滩上大多为细颗粒泥沙(中值粒径d_{50}为0.002～0.009 mm),在一定的潮流与风浪条件下容易随潮流运动。上述水动力与泥沙环境的结果是,在平常天气条件下,工程区海域水体含沙量向岸增大、泥沙总体向岸运动。

在工程设计中,采用引潮沟(长1 750 m、宽100 m、平均深2 m)结合在海边适当位置修建取水泵房(设有7台轴流泵,取水总流量为120 m³/s;水泵之间设有4个排沙底孔,反冲泥沙时开启,排冲流量亦为120 m³/s;高潮位超冷却水设计流量取水、低潮位停止取水;设置厂内调节池(长6 000 m,总面积2.7 km²,也是冷却池,总库容1 200万 m³),并巧妙利用已有独流减河河道作为冷却水水量调节池(面积0.5 km²,经计算确定其总蓄存水量满足电厂夏季2～3天用水量、冬季6～7天用水量),保证电厂连续取用海水的设计要求;采用将部分使用后的冷却水蓄存于进排水渠(是供水系统中的沉沙池,渠尾部设有高、低溢流堰,渠宽250 m,中隔墙将该渠分成两条渠。取水时进排水渠250 m宽全断面进水,流速0.12 m/s;排水反冲泥沙时则轮流只通过其中一条渠,"束水攻沙"),在达到设计水位后,利用低潮位的一段时间,集中大流量(120 m³/s)反冲淤积在进排水渠(排水渠是循环水排水和蓄存排水的构筑物,长约5 800 m、宽约70 m、深约5 m)和引潮沟内的泥沙入海,确保供水系统不因泥沙淤积而降低系统功能。

1.3.3 运行状况

1) 冷却水量

在不扩建海边取、排水构筑物情况下,电厂总容量增加到1 880 MW,其运行方式是1 280 MW机组为直流运行,600 MW机组冷却水二次循环运行,不同运行工况的循环冷却水在调节池内混掺。不同之处在于利用循环冷却水反冲泥沙时必须控制排水渠水位,以确保600 MW机组二次循环运行所需要的冷却水量。

2) 泥沙淤积

循环冷却水的进水构筑物有引潮沟,进循环冷却水的进水构筑物有引潮沟、进排水渠和调节池。引潮沟是在淤泥质浅滩上开挖出的引水构筑物,在风浪和潮汐作用下有泥沙淤积。进排水渠和调节池均兼有沉沙功能,设计方案中安排了排水冲淤、拖淤和挖淤措施,但运行中累积性泥沙淤积难以避免。

进排水渠则是人工沉沙池,进水时它有两种运行工况,一是静水沉降高堰溢流,二是动水沉降低堰溢流。当海水含沙量为0.5～2.0 kg/m³时,渠中静水淤沉效率为50%～

90%,而动水增加了泥沙颗粒间碰撞概率而形成絮凝沉降,动水沉降效率略高于静水沉降效率。进排水渠并不能沉淀所有泥沙,因此仍有 10%～50% 的泥沙进入调节池。调节池有南、北两个深槽,总宽 458 m、长 6 000 m,海水在调节池中的行进流速<0.06 m/s,因而泥沙几乎能够 100% 淤沉下来。每年夏季独流减河排泄洪水时可以带走大部分淤积泥沙,但仍有少量泥沙淤积在调节池中。

在实际运行中存在如下问题:

(1) 尽管冲淤是清除泥沙淤积的有效措施之一,但过于频繁冲淤也会使一部分新鲜海水随反冲水流排出储水系统,造成水量损失。

(2) 冲刷的不均衡性。频繁冲淤会使渠道中软弱部位出现深沟,有时危及构筑物的安全;引潮沟较宽,反冲水主流横向摆动,冲刷分布必然不均衡。而长时间不冲淤又会使泥沙固结,给后续冲淤造成困难。此外,在春、秋季大风或风暴潮等恶劣天气条件下,引潮沟水体含沙量很大,泥沙淤积也大幅增加。

(3) 拖淤后随即冲淤效果更为明显,但需有固定设备和人员定期实施,运行成本有一定增加。

(4) 根据大港发电厂 15 年运行经验,一般情况下引潮沟每 3 年挖一次,进排水渠每 5 年挖一次,调节池每 10 年挖一次。独流减河在一个或几个夏季不泄洪时,调节池中泥沙只能挖淤清除。挖淤在上述三种措施中减淤效果最好,但成本也最高。

实践证明,在上述综合清淤措施下,基本上维持了供水系统水工建筑物的设计功能,取得了较好的经济效益。

3) 运行对海洋环境影响等

采用暂存温排水于循环水系统,待温度达标后结合冲淤排放,最大程度降低温排水对海洋生物的影响。取水对紧邻海域幼虾机械损伤难以避免。采用在取水口附近设置隔热堤,降低热扩散和热回流对取水的影响。电厂运行中遭遇取水系统中海蛎子繁殖问题,解决办法是化学抑制,但对其他海洋生物有附带伤害。电厂旗下子公司经多年研究,研发出一种效果显著的针对性药物,可有效保障电厂生产安全。

随着国际油价的变化,最初设计使用的两台燃煤机组已不能适应新的市场环境,于2000 年停止运行。2002 年启动一期两台燃油机组燃油改燃煤项目,1 号和 2 号机组分别于 2004 年和 2005 年改造完成并投入使用。为了满足新的空气排放标准要求,在改造 1 号机组的同时,加装了一期的脱硫装置,后续完成了二期工程脱硫装置的安装,实现空气排放达标。

第 2 章

淤泥质海岸水动力及泥沙运动特性

目前,海岸类型的划分在国际上尚无统一标准。按海岸物质组成可划分为基岩海岸、沙(砾)质海岸、淤泥质海岸和生物质海岸四类。其中,前两者主要是以波浪作用为主的高能环境下形成的海岸,而淤泥质海岸则主要受潮汐作用控制,波浪作用相对较小,是在低能动力条件和具有较丰富细颗粒泥沙环境下形成的。

淤泥质海岸是由淤泥或混杂粉砂的淤泥(粒径主要为 0.01~0.05 mm)构成,大多分布在输出细颗粒泥沙的大江、大河入海口及其附近沿岸。淤泥质海岸的主要特征为地势平坦开阔、岸线比较平直、岸滩宽广平缓,海滩宽达几千米甚至几十千米。大多数淤泥滩土质肥沃,常被开发成滩涂养殖基地。宽阔平坦的岸滩也是开辟盐场的良好基本条件。淤泥质海岸因潮流作用常有潮沟发育,大型潮沟可开发成中、小型渔港,也是大型港口可行选址地点之一。荷兰和中国的渤海湾沿岸是世界上最著名的淤泥质海岸。

本书以天津北疆发电厂工程为例,概要描述淤泥质海岸岸滩地貌、海域水动力、泥沙运动等基本特性。

2.1 岸滩

2.1.1 地理地貌

天津北疆发电厂位于天津滨海新区东北部渤海湾西北湾顶大神堂(N39°13′,E117°56′),在天津市中心东北偏东方向约 65 km,与永定新河口和天津港东突堤分别相距约 16 km 和约 25 km,如图 2-1 所示。厂址附近属于典型淤泥质海岸,岸上地势低平,坡度一般在 0.3‰~1.6‰[3]。厂址及其西北是著名的天津长芦汉沽盐场(始建于公元 925 年)的大片盐田或洼塘,自然岸线为弧形岸线中的较平直段,沿岸淤泥滩滩宽坡缓。盐场、淤泥质海岸与海滩地貌情况如图 2-2 所示。

2.1.2 岸滩坡度

工程前电厂工程区海域 2004 年 11 月水下地形如图 2-3 所示,离岸断面岸滩形态与坡度如图 2-4 和表 2-1 所示。理论基准面以上工程海域岸滩坡度相对较陡(为 0.91‰~1.15‰,以 2004 年测图资料为准,下同),0 m 与-2 m 等高线(即 2 m 等深线,以下相应类推)之间岸坡最缓(0.38‰~0.45‰),2 m 与 5 m 等深线之间岸坡介于前两者之间,为 0.40‰~0.46‰。0 m 等深线离岸距离为 2.5~3.0 km,2 m 等深线离岸距离介于 7.0~8.5 km,而 5 m 等深线则在离岸 14.0 km 以外。从图 2-4 可见,在 1953—2004 年的 50 余年中,+1 m 等高线以里近岸岸滩坡度有所变缓,而-5~-1 m 即 1 m 至 5 m 等深线之间的岸滩平均坡度变化不大。

图 2 - 1 北疆发电厂工程地理位置及附近海域气象站点等示意图(背景为 2005 年 5 月遥感图)

(a) 天津长芦汉沽盐场照片

(b) 电厂工程前淤泥海滩低潮位出露

(c) 电厂建成后东侧大神堂渔港以东海岸地貌鸟瞰

图 2-2 天津北疆发电厂工程附近淤泥质海岸与海滩地貌

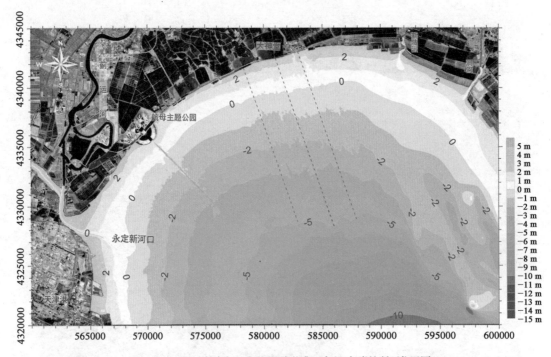

图 2-3 工程区海域水下地形(理论基准面高程)与岸坡断面位置图

(红虚线为设计引潮沟中心线,面向海左侧为 1—1 断面,右侧为 2—2 断面,背景为 2005 年 5 月遥感图)

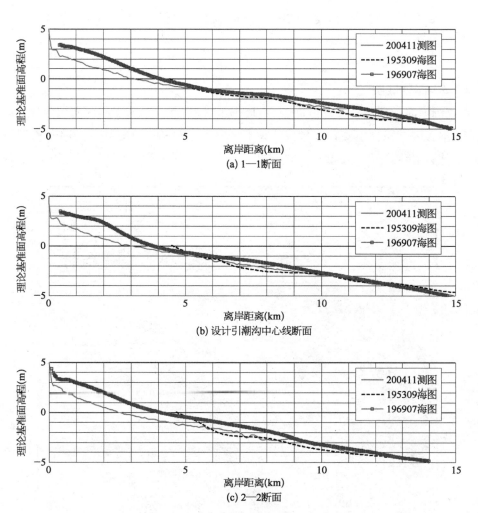

图 2-4 工程区海域离岸断面岸坡形态及其变化

表 2-1 工程区海域岸滩坡度 （单位：‰）

离岸断面	0 m 以上		—2～0 m			—5～—2 m		
	196907	200411	195309	196907	200411	195309	196907	200411
1—1	0.928	0.977	0.522	0.395	0.383	0.426	0.527	0.457
设计引潮沟中心线	0.990	0.978	0.895	0.412	0.442	0.323	0.492	0.404
2—2	0.907	1.150	1.329	0.479	0.451	0.347	0.493	0.429
平均值	0.942	1.035	0.915	0.429	0.426	0.366	0.504	0.430

注：195309、196907 分别指依据 1953 年 9 月和 1969 年 7 月版海图资料，海图 0 m 以上缺乏数据；200411 指 2004 年 11 月测图范围资料。

工程海域多年平均低潮位、最低低潮位分别为 1.34 m 和 —1.08 m，意味着平均低潮位时滩面平均宽度为 1.1～1.3 km，而在极端不利潮位情况下，水边线有可能远在离岸

4.5～5.2 km 一带。对于最初提出的电厂取水工程引潮沟设计方案而言,滩宽水浅是不利因素之一。

2.1.3 海床底质

根据国家海洋环境监测中心 2004 年 10 月和 2005 年 5 月对工程区海域两次底质采样分析[4],本海区沉积物主要有砂-粉砂-黏土(S-T-Y)、黏土质粉砂(YT)和粉砂质黏土(TY)三种类型,其分布如图 2-5 所示。

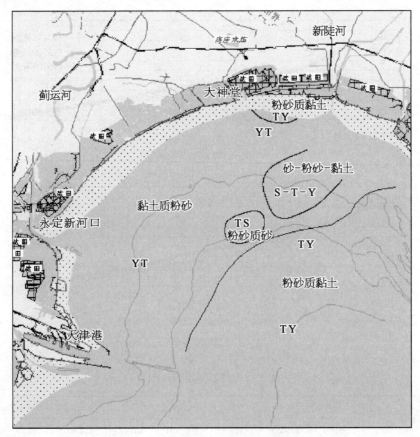

图 2-5　工程区海域沉积物类型及其分布

黏土质粉砂主要分布在调查区的浅水区域,多呈黄灰色及褐灰色、质均滑感、可塑性和分选性差至很差、沉积物中含有贝壳碎片,粉砂、黏土平均含量分别为 51.13％和 38.27％。粉砂质黏土分布于调查区的潮间浅滩和深水区两处,呈灰黄色及褐灰色、质纯软可塑、黏性较强、抗压性差、有机物质含量高、分选差至极差、有的含少量贝壳碎片、表层沉积 2 cm厚的黄褐色浮泥,粉砂、黏土平均含量分别为 43.57％和 50.21％。工程区海域底质中值粒径大致在 0.003～0.013 mm。

2005 年 4 月南京水利科学研究院对永定新河口附近海域海床浮泥进行了 57 点采

样[5],浮泥中值粒径 d_{50} 分析结果如图 2-6 所示。浮泥中值粒径 (d_{50}) 范围为 0.011～0.067 mm,平均值为 0.018 3 mm。湾顶附近蛏头沽东侧海域海床 2 m 等深线(绿色)与5 m 等深线(青色)之间浮泥粒径较粗,浮泥中值粒径最大值为 0.067 mm,其位置附近浮泥粉砂含量较多;永定新河口潮汐深槽附近浮泥粒径为 0.012～0.024 mm,普遍较细;大神堂海域近岸水域浮泥粒径为 0.014～0.025 mm,泥沙粒径也较细,均属于淤泥范畴。

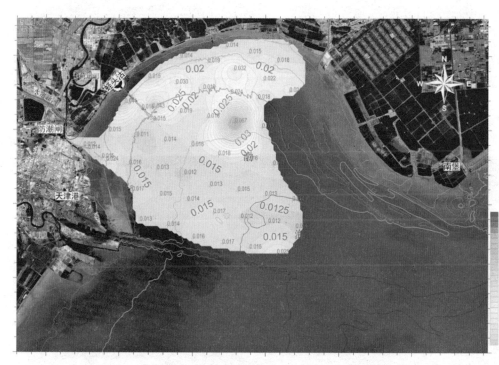

图 2-6　永定新河口附近及渤海湾湾顶海域 2005 年 4 月实测浮泥中值粒径 d_{50} 分布

底质采样分析结果表明,工程区海域潮间带海床沉积物为细颗粒黏土质粉砂;西南部(永定新河口附近海域)沉积物较之东北部细,东北部海域黑沿子至南堡一带表层沉积物为砂-粉砂-黏土混合类型,反映了底质来源的多样性。判断渤海湾湾顶水域浮泥与底质中较粗粒径泥沙来源于南堡西侧近岸水域,大致走向为 SE—NW 的沙坝深槽区。根据历史资料分析,从更为宽泛的时空维度看,较粗颗粒泥沙的主要来源是历史上海河、滦河等的入海泥沙。长久以来,在潮流与波浪共同作用下,上述入海泥沙总体上向渤海湾西北湾顶水域输移。

2.1.4　岸滩演变分析

1) 岸滩演变一般特性

据史料记载,3 000 年前天津东部是一片浩瀚海洋,海岸线在天津附近且相对稳定。至公元 581—681 年,海河水系再度形成,海河、蓟运河在现军粮城附近入海,即此时海岸线在军粮城一线。1048—1128 年间,黄河三次改道天津入海,天津附近海岸约以每三年 1 000 m 的速度向外海延伸,最后形成塘沽区、海河口和蓟运河口。几百年来,海河口和蓟运河口两侧海岸处于相对稳定状态,因清淤吹泥造陆等人为因素,河口局部岸线向海侧缓慢推进。

渤海湾海岸属滨海堆积平原,地表平坦、开阔。海岸类型为淤泥质海岸,潮滩平缓。海底地形由陆向海自然延续,地势自北偏西向南偏东方向由高而低缓缓倾斜,海域等深线总体与海岸线方向平行。工程区所在渤海湾湾顶大部分水域水深在 10 m 以内。工程前渤海湾湾顶沿岸大多为虾池、盐田,近岸海域高潮淹没低潮出露的潮间带地势平坦、宽阔,地形起伏变化不大。工程区渤海湾湾顶海域 1953 年(黑色虚线)、1969 年(红色实线)、1981 年(玫红实线)岸滩等深线变化和 2004 年地形如图 2-7 所示。

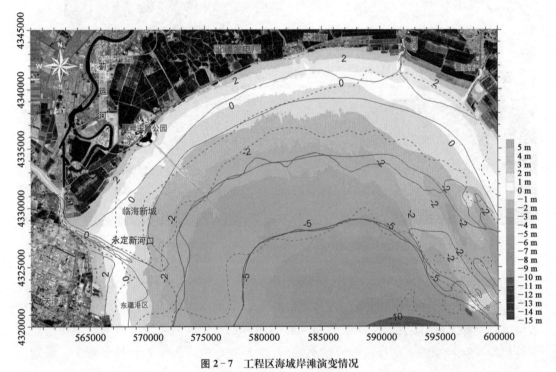

图 2-7 工程区海域岸滩演变情况

(地形为 2004 年 11 月测量,其余部分详见表 2-1 注)

从图 2-7 可见,1953—2004 年的 50 多年中,工程区海域岸滩 5 m 等深线(即图中−5 m 等高线,其他类推)平面位置相当稳定,其形态上变化也不大;2 m 等深线在湾顶区向离岸方向上摆动幅度较大(1.5～3.3 km),1969 年 2 m 等深线比 1953 年平均向海推进约 2.5 km,1969—1981 年基本稳定,略有向岸移动,2004 年等深线位置及其形态介于 1981 年与 1953年之间,1969 年以来岸滩呈现轻微侵蚀趋势;0 m 等深线在永定新河口至大神堂向离岸方向上摆动幅度也较大(1.7～7.2 km),其中最大摆幅出现在永定新河口深槽左侧,电厂海域的摆幅为 2.2 km 左右。1969 年 0 m 等深线与 1953 年的位置和形态大体上相近；1981 年 0 m 等深线总体上离岸最近；而 2004 年 0 m 等深线与 1981 年的位置和形态比较相近，介于 1969 年与 1981 年之间。就电厂附近局部海域而言，1953—1969 年间 0 m 等深线基本稳定，1969—1981 年 0 m 等深线明显向岸移动，而 2004 年 0 m 等深线位置和形态位于 1969 年与 1981 年之间。

岸滩变化分析表明，工程区海域海滩泥沙活动带主要在 5 m 等深线以内，岸滩多年以来冲淤交替，变化相对缓慢、平均幅度较小，没有明显侵蚀或淤积的单向变化。这说明工程前工程区海域岸滩处于冲淤基本稳定状态。

2) 人工挖槽回淤分析

蛏头沽八卦滩（电厂厂址西南约 12.5 km）"基辅"号航母航道，为研究工程区海域无掩护人工挖槽回淤问题提供了一个难得的工程实例。

2003 年 9 月 29 日，"基辅"号航母落位于八卦滩港池中，该港池深为 7.2 m，面积为 70 万 m²。为使航母顺利进港落位，先期在海中开掘了一条长 14 km、深 7.8 m、宽 68 m 的无掩护航道。依据收集到的该航道 2003 年 8 月、2004 年 3 月和 2005 年 8 月水深地形测图，进行了该挖槽回淤分析。其中，2004 年 3 月测图不是对航道的专题测量资料，航道区测点较稀，仅供分析判断时参考。

航母航道离岸 4～7.5 km、8～11.5 km 横断面 2003 年与 2005 年对比如图 2-8 所示。由图可见，2005 年 8 月离岸 4 km 处航槽淤积面高程为 -1 m 左右，几乎与滩地齐平，航槽深度已不足 0.5 m；在 9.5 km 处往外槽底平均高程约为 -4.75 m，与 2003 年 8 月基本相同；9.5 km 以里向岸，离岸越近则淤积越多，至 4 km 处航槽接近淤平。从图中还可看出，在此间两年中挖槽左侧边坡淤长，右侧边坡则冲刷（注：图中断面为面向海岸所见，即断面起点距增大方向为自右至左），挖槽整体略向右侧（西南方向）偏移，间接说明在此期间泥沙运动方向总体上为自东南向西北或自东向西、西北，即总体上泥沙输移方向指向永定新河口。

图 2-9 显示了航母航道平均底高程变化，表 2-2 统计了 2003 年 8 月—2005 年 8 月航道内沿程淤积情况。从图表中可见，航道内淤积强度可以分为三段：岸边至 5 km 为强淤积段，平均淤厚约为 5 m；5～9.5 km 为缓慢淤积段，淤强沿向岸方向逐渐递增，平均淤厚不超过 1 m；9.5 km 以外为冲淤动态平衡段，底高程基本维持不变。这表明航母落位航道附近岸滩泥沙活动范围一般可达离岸近 10 km（3.5 m 等深线附近），近岸 5 km（约 1 m 等深线）以内水域泥沙运动活跃。

需要指出，在 2003 年 10 月中旬渤海发生了持续时间为 2～3 天的强风暴潮，渤海湾沿岸京唐港（粉沙质海岸）、黄骅港（淤泥粉沙质海岸）航道均发生严重骤淤，其中京唐港在滩面为 -8～-5 m 的航道段平均淤厚为 3.15 m，局部最大淤厚达 5.31 m；京唐港外航道（滩

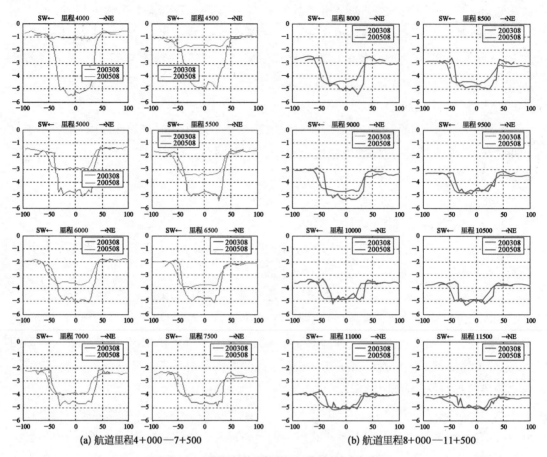

(a) 航道里程4+000—7+500 (b) 航道里程8+000—11+500

图2-8 "基辅"号航母航道沿程横断面底高程变化

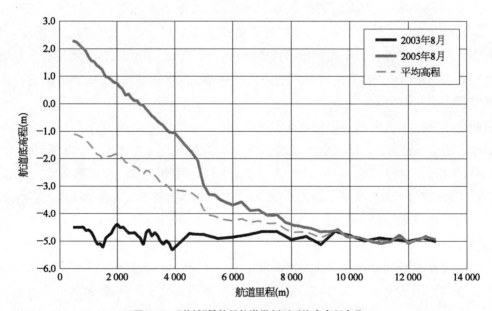

图2-9 "基辅"号航母航道纵剖面平均底高程变化

表 2-2　航母航道 2003 年 8 月—2005 年 8 月沿程淤积厚度与体积

分　　段	500～5 000 m	5 000～9 500 m	9 500～12 500 m
平均淤厚(m)	4.80	0.78	0
淤积体积(万 m³)	178	23	—

面高程为当地理论基准面－10～－3 m)淤积总量达 970 万 m³,平均淤厚为 4.49 m,最大淤厚超过 3.50 m。据天津港务局反映,2003 年 10 月大风期间天津港(淤泥质海岸)外航道[横堤(8＋800)外,滩面高程为新港理论基准面－12～－2 m]处于挖泥施工阶段,没有发现明显的淤积,只是在 6＋000—8＋000 段(即横堤内 800～2 800 m)淤积了 0.4～0.5 m。可见,淤泥质海岸航道的泥沙淤积机理、淤积形态与沙质(或细粉沙)海岸航道是存在较大差异的。

图 2-9 挖槽中的淤积变化应该已经包含了这次风暴潮的影响,但因缺乏相关更为细分的资料,在此很难定量该次风暴潮所造成的淤积。由于与天津港航道处于淤泥质海岸同一个海区,因此可以合理推测,该次风暴潮对于"基辅"号航母落位航道的影响应与天津港航道基本相当。

2.2　水动力特性

2.2.1　风浪

1) 风向

天津市汉沽气象站(N39°14′、E117°46′,北疆发电厂厂址西侧约 14 km)有 1994—2003 年累年夏季、冬季、全年平均各风向频率统计资料(表 2-3 和图 2-10),新港灯塔站(N38°56′、E117°59′,厂址以南略偏东约 32 km)有 1983 年 5 月—1984 年 5 月一年的风和波浪观测资料,原新港灯船站(N38°57′、E117°5′,新港灯塔站向岸约 6 km,厂址以南约 30 km)有 1960—1969 年的连续风和波浪观测资料,塘沽气象站(N39°03′、E117°43′,厂址西南约 27 km,测风点据地面高度 12.3 m)有 1970—1999 年每年各风向出现频率资料。以上站位示意如图 2-1 所示。

表 2-3　汉沽气象站 1994—2003 年累年夏季、冬季和全年各风向频率成果　　　　(单位：%)

风　向	N	NNE	NE	ENE	E	ESE	SE	SSE	S	SSW	SW	WSW	W	WNW	NW	NNW	C
夏季风	3	3	3	5	9	10	15	10	6	7	5	3	3	3	4	4
冬季风	4	3	2	4	5	4	3	6	5	4	7	7	6	7	12	10	10
全年风	3	4	2	5	7	7	11	7	8	7	5	4	4	5	8	6	5

汉沽气象站、塘沽气象站、灯船站和灯塔站测风资料分析表明,各站除常风向稍有不同外,主要风向都集中 SW～SE,强风向则基本上为 NW～WNN,次强风为 E～SSE。塘沽地区不同时期三个测站风向频率分布更趋于一致。因地理位置不同,汉沽地区与塘沽

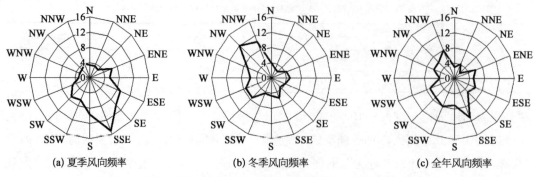

(a) 夏季风向频率 　　　　(b) 冬季风向频率 　　　　(c) 全年风向频率

图 2-10　汉沽气象站 1994—2003 年累年夏季、冬季和全年各风向频率玫瑰图

地区在风向上略有偏转。灯塔站一年资料平均风速较之灯船站大,可能因观测方法、资料系列及年际变化等多种因素所致。工程研究区海域风况分析利用海上的灯塔站和灯船站资料更为合理一些。

2) 风况

多年一遇大风风速是临海工程设计必需的重要参数,也是推算不同重现期设计波要素的重要参数。收集到塘沽气象站 1970—1999 年每年各风向年大风极值(10 min 平均)和塘沽海洋站(今东突堤站)1980—2004 年 N、NE、E、SE、S、SW、W 和 NW 8 个方位年大风极值序列,利用皮尔逊Ⅲ型曲线拟合推算出不同方位多年一遇极值,塘沽气象站 SE～S(SSE)方位、塘沽海洋站 8 个方位不同重现期极值风速分别见表 2-4 和表 2-5。分析表明,由于塘沽气象站位于天津港陆域,其极值风速比临海的塘沽海洋站(厂址西南略偏南约 29.5 km)明显小一些。因此,采用塘沽海洋站资料推算临海或涉海工程不同重现期设计风速更合理也更安全一些。

表 2-4　塘沽气象站 SSE 方位不同重现期极值风速 　　　　　　　(单位：m/s)

参　数	重现期(年)				
	2	5	10	25	50
极值风速	12.5	15.7	16.0	17.5	18.5

表 2-5　塘沽海洋站各方位不同重现期极值风速 　　　　　　　(单位：m/s)

方　位	重现期(年)					
	2	5	10	25	50	100
N	16.2	21.0	24.1	28.6	31.1	34.1
NE	17.0	20.9	23.5	26.9	29.2	31.6
E	16.9	20.3	22.7	25.2	26.9	28.3
SE	13.9	16.7	18.5	21.5	23.3	25.0
S	13.5	16.5	18.9	21.8	23.9	25.8

方　位	重现期(年)					
	2	**5**	**10**	**25**	**50**	**100**
SW	12.5	16.0	18.5	22.3	24.9	27.0
W	12.3	15.5	18.1	21.9	24.0	25.9
NW	16.3	20.9	24.0	28.5	31.0	33.9

3) 波浪

采用灯船站 1960—1969 年实测波浪资料和灯塔站 1983 年 5 月—1984 年 5 月实测波浪资料进行综合分析,该两站不同时期所测得波浪强度大体上相当,在波浪性质上均以小周期风生浪为主。对比可见,灯船站平均波能略强于灯塔站。工程区海域风与浪在方向分布上具有显著相关性,表明工程区海域波浪以风浪为主。较大波浪($H_{1/10}>1.6$ m)主要发生在 ENE~E 和 WNW~NNW 范围。

(1) 代表波。为了在模型(包括数学模型和物理模型)中对现场波浪进行模拟或复演,通常需要将现场不同方向、不同大小的波浪概化表示为一组或几组代表波要素。采用能量频率加权平均法推求工程区海域代表波要素,结果见表 2-6。从表中可见,灯船站代表波高波比灯塔站大一些,不过其出现频率小一些。从能量角度看,灯船站多年资料反映的平均波能略大。

表 2-6　灯船站、灯塔站实测波浪代表波要素

测　站	$H_{1/10}>0$ m			$H_{1/10}>0.5$ m		
	$H_{1/10}$(m)	$\overline{T}$(s)	P(%)	$H_{1/10}$(m)	$\overline{T}$(s)	P(%)
灯船站	0.84	3.91	65.90	1.36	4.04	23.04
灯塔站	0.65	3.66	90.21	0.97	3.98	32.38

(2) 设计波要素。从安全角度考虑,选取塘沽海洋站设计风速推求工程区海域 SSE 方向不同重现期设计波浪要素。采用《海港水文规范》(JTJ 213—98)[现已更新为《海港水文规范》(JTS 145—2—2013)]推荐的风推浪计算方法,推算渤海湾 10 m 等深线处不同重现期波浪要素(表 2-7)。推算结果表明,电厂取水工程地处渤海湾西北湾顶,强浪向风区吹程较短,多年一遇波浪相对较小。

表 2-7　工程区海域 SSE 方向不同重现期深水(10 m 等深线)波浪要素

波　要　素	50 年一遇	25 年一遇	10 年一遇	5 年一遇	2 年一遇
$H_{4\%}$(相当于 $H_{1/10}$,m)	3.40	3.20	2.89	2.66	2.21
$H_{13\%}$(有效波高,m)	2.78	2.61	2.36	2.16	1.79
$\overline{T}$(s)	7.37	7.16	6.80	6.52	5.95

2.2.2 潮汐和潮流

1）潮汐

取水工程海域没有常设潮位观测站。2005年5月25—26日和5月31日—6月1日工程区海域大神堂临时验潮站（2♯测点）实测大、小潮潮位过程如图2-11和图2-12所示，图中同时给出了塘沽验潮站（天津港东突堤，厂址西南略偏南约29.5 km）及曹妃甸站

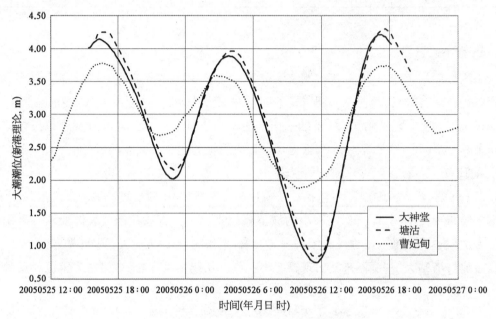

图2-11 2005年5月25—26日实测大潮潮位过程

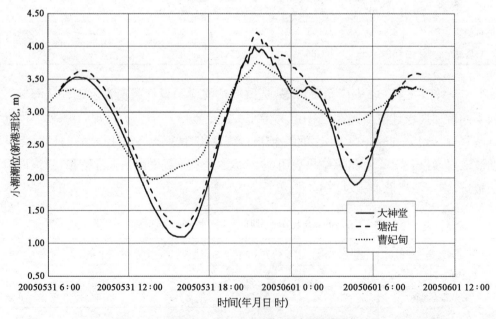

图2-12 2005年5月31日—6月1日实测小潮潮位过程

（厂址东南约 58 km、东突堤以东略偏南约 63 km）同步潮位过程,各站点实测潮位统计特征值见表 2-8。电厂厂址处各基准面换算关系如图 2-13 所示。除特别注明外,本书中基准面默认采用新港理论基准面。

表 2-8　2005 年实测潮位特征值统计　　　　　　　　　　　　　　（单位：m）

站　点	大潮(2005 年 5 月 25—26 日)				小潮(2005 年 5 月 31 日—6 月 1 日)			
	最高	最低	平均	强潮潮差	最高	最低	平均	强潮潮差
大神堂	4.11	0.69	2.65	3.45	3.94	1.04	2.63	2.90
塘　沽	4.13	0.73	2.67	3.45	4.09	1.12	2.72	2.94
曹妃甸	2.94	1.05	2.05	1.86	2.94	1.14	2.07	1.77

根据现场实测潮汐潮位资料,国家海洋环境监测中心对大神堂海域主要分潮进行调和常数计算,推算得出潮汐形态系数≤0.5,即工程区潮汐性质属不规则半日潮,每个潮日有两次高潮和两次低潮,有显著的日潮不等现象。实测潮流资料统计显示,6 个测点大潮、小潮涨潮流历时平均为 5 h 28 min,落潮流历时平均为 6 h 55 min。

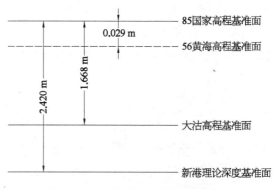

图 2-13　电厂工程区各基准面换算关系

1986 年国家海洋局天津海洋环境监测中心在天津港东突堤处设立了验潮站。塘沽验潮站位置变迁情况为：1981—1982 年（N39°00′、E117°43′）,1983—1985 年（N38°59′、E117°44′）,1986—1994 年（N38°59′、E117°45′）,1995—2000 年（N38°59′、E117°47′）。根据该站历年资料分析,塘沽地区潮汐类型指标 $\dfrac{(H_{K1} + H_{O1})}{H_{M2}} = 0.53$,属不规则半日潮,昼夜两涨两落,滞后约 45 min,日潮不等现象明显,涨潮历时约 5.5 h,落潮历时约 7 h。一般潮差为 2~3 m,最大可达 4 m。

永定新河口附近海域历史上曾设有北塘潮位站,有 1951—1953 年观测资料;海河口（距北塘站 18 km）曾设有北炮台潮位站,1959 年北炮台潮位站上移 2 km 左右称为六米站。中交第一航务工程勘察设计院曾对 1963—1986 年六米站及 1986—1993 年东突堤站共 31 年潮位观测资料分析,得出塘沽附近海域潮位及潮差特征值见表 2-9。

表 2-9　塘沽验潮站多年平均潮位特征值

潮位特征	理论基准面	备　　注
多年平均潮差(m)	2.43	
多年最大潮差(m)	4.37	1980 年 10 月

（续表）

潮位特征	理论基准面	备 注
当地平均海平面(m)	2.56	
多年平均高潮位(m)	3.77	
多年平均低潮位(m)	1.34	
多年最高高潮位(m)	5.93	1992年9月1日
多年最低低潮位(m)	−1.08	1957年12月18日

注：中交第一航务工程勘察设计院依据1963—1986年六米站和1986—1993年天津港东突堤站潮位资料统计。

从上述实测资料和图表中可见，大神堂海域潮汐特性与塘沽验潮站潮汐特性更为趋同。根据分析[4]，大神堂临时验潮站与塘沽验潮站之间同步大、小潮潮位相关系数分别为0.997和0.993，且两者最高、最低、平均潮位及强潮潮差特征值非常接近。这表明采用塘沽验潮站潮位资料分析工程区海域潮汐特征是合理可行的。

2) 特征潮位

在电厂取水工程方案论证研究第二阶段，采用了沉淀调节池建闸高潮位补水工艺。在方案设计与论证中，需要确定不同保证率的设计潮型以分析取水工程方案的取水安全性。在工程区海域常年潮位资料缺乏的条件下，采用塘沽验潮站1981—2000年逐日实测潮位资料，分析评估北疆发电厂取水工程设计潮型。

塘沽验潮站1981—2000年逐月特征潮位见表2-10。由表可见，在此间20年中，工程区平均潮位呈现出明显的季节性变化：冬季(10月至次年3月)多年月平均潮位为2.34～2.65 m，其最低潮位(2.34 m)与年平均潮位(2.62 m)相比约低0.28 m；多年月平均最低潮位为−0.82～−0.33 m。夏季(4—9月)多年月平均潮位为2.61～2.91 m，其月份平均最高潮位(2.91 m)与年平均潮位(2.62 m)相比约高0.29 m；多年月平均最低潮位为0.13～0.56 m，比冬季多年月平均最低潮位高0.46～1.38 m。分析结果还表明，每年最低潮位过程出现在冬季，最高潮位过程出现在夏季。在此20年间最高潮位5.87 m出现在1992年9月1日，据记载当时塘沽地区出现了较大的风暴潮。20年间最低潮位−0.82 m出现在1984年12月。

表2-10 1981—2000年逐月特征潮位　　　　　　　　　　（单位：m）

统计时段	最高潮位	平均高潮位	平均潮位	平均低潮位	最低潮位
1月	4.74	4.20	2.34	−0.09	−0.68
2月	4.48	4.16	2.37	−0.04	−0.74
3月	4.76	4.28	2.51	0.15	−0.73
4月	4.67	4.27	2.61	0.48	0.13
5月	4.65	4.41	2.70	0.52	0.25

（续表）

统计时段	最高潮位	平均高潮位	平均潮位	平均低潮位	最低潮位
6 月	4.93	4.47	2.81	0.62	0.16
7 月	4.92	4.56	2.89	0.78	0.56
8 月	5.54	4.73	2.91	0.8	0.44
9 月	5.87	4.55	2.81	0.74	0.44
10 月	5.17	4.53	2.65	0.34	−0.33
11 月	4.96	4.45	2.48	0.01	−0.48
12 月	4.64	4.24	2.34	−0.17	−0.82
年（极值/平均）	5.87	4.40	2.62	0.34	−0.82

为了评估取水工程设计潮型，通过每日两涨两落的特征潮位出现频率分析，来确定不同保证率的设计潮型。具体方法是，根据实测潮位资料，以 10 cm 为级差将潮位从高潮位至低潮位分级，分别统计塘沽验潮站 1981—2000 年逐日实测特征潮位（即每日高高潮位、低高潮位、高低潮位和低低潮位）在各级潮位出现的次数，求得 20 年各特征潮位的累计频率（表 2-11）。20 年累计频率 50% 的高高潮位、低高潮位、高低潮位和低低潮位依次为 3.90 m、1.87 m、3.66 m 和 1.08 m。

表 2-11　1981—2000 年特征潮位累计频率统计

潮位（m）	高 高 潮		高 低 潮		低 高 潮		低 低 潮	
	次数	$\sum P(\%)$	次数	$\sum P(\%)$	次数	$\sum P(\%)$	次数	$\sum P(\%)$
6.00	0	0.00	0	0.00	0	0.00	0	0.00
5.90	0	0.00	0	0.00	0	0.00	0	0.00
5.80	1	0.01	0	0.00	0	0.00	0	0.00
5.70	0	0.01	0	0.00	0	0.00	0	0.00
5.60	0	0.01	0	0.00	0	0.00	0	0.00
5.50	1	0.03	0	0.00	0	0.00	0	0.00
5.40	0	0.03	0	0.00	0	0.00	0	0.00
5.30	0	0.03	0	0.00	0	0.00	0	0.00
5.20	1	0.04	0	0.00	0	0.00	0	0.00
5.10	3	0.08	0	0.00	0	0.00	0	0.00
5.00	1	0.10	0	0.00	0	0.00	0	0.00
4.90	7	0.20	0	0.00	1	0.01	0	0.00
4.80	8	0.31	0	0.00	0	0.01	0	0.00
4.70	19	0.58	0	0.00	1	0.03	0	0.00
4.60	36	1.09	0	0.00	2	0.06	0	0.00

(续表)

潮位(m)	高 高 潮		高 低 潮		低 高 潮		低 低 潮	
	次数	$\sum P(\%)$	次数	$\sum P(\%)$	次数	$\sum P(\%)$	次数	$\sum P(\%)$
4.50	83	2.26	0	0.00	4	0.11	0	0.00
4.40	200	5.09	0	0.00	23	0.44	0	0.00
4.30	388	10.57	0	0.00	39	1.00	0	0.00
4.20	545	18.27	0	0.00	132	2.88	0	0.00
4.10	696	28.11	0	0.00	235	6.22	0	0.00
4.00	760	38.85	0	0.00	413	12.10	0	0.00
3.90	799	50.14	1	0.01	588	20.47	0	0.00
3.80	815	61.65	1	0.03	847	32.53	0	0.00
3.70	707	71.64	0	0.03	893	45.24	0	0.00
3.60	575	79.76	0	0.03	797	56.59	0	0.00
3.50	419	85.67	0	0.03	656	65.92	0	0.00
3.40	322	90.22	1	0.04	547	73.71	0	0.00
3.30	225	93.39	4	0.10	439	79.96	0	0.00
3.20	158	95.63	6	0.18	389	85.49	0	0.00
3.10	97	96.99	3	0.23	269	89.33	0	0.00
3.00	71	98.00	7	0.33	201	92.19	1	0.01
2.90	51	98.71	11	0.48	153	94.37	1	0.03
2.80	31	99.15	36	0.99	121	96.09	0	0.03
2.70	20	99.43	68	1.95	79	97.21	0	0.03
2.60	14	99.63	104	3.43	62	98.09	0	0.03
2.50	10	99.77	180	5.97	34	98.58	1	0.04
2.40	6	99.86	267	9.75	28	98.98	0	0.04
2.30	4	99.92	362	14.88	19	99.25	1	0.06
2.20	5	99.99	522	22.27	16	99.47	5	0.13
2.10	0	99.99	598	30.73	14	99.67	5	0.20
2.00	0	99.99	576	38.88	8	99.79	7	0.30
1.90	0	99.99	566	46.89	4	99.84	24	0.64
1.80	0	99.99	640	55.95	3	99.89	60	1.49
1.70	0	99.99	592	64.33	3	99.93	106	3.00
1.60	1	100.00	556	72.20	4	99.99	211	5.99
1.50	0	100.00	469	78.85	0	99.99	317	10.50
1.40	0	100.00	397	84.47	0	99.99	163	17.08

潮位(m)	高 高 潮		高 低 潮		低 高 潮		低 低 潮	
	次数	$\sum P(\%)$	次数	$\sum P(\%)$	次数	$\sum P(\%)$	次数	$\sum P(\%)$
1.30	0	100.00	322	89.02	0	99.99	602	25.63
1.20	0	100.00	241	92.44	0	99.99	720	35.85
1.10	0	100.00	167	94.80	0	99.99	827	47.59
1.00	0	100.00	138	96.76	0	99.99	798	58.92
0.90	0	100.00	70	97.75	0	99.99	694	68.77
0.80	0	100.00	59	98.58	0	99.99	570	76.86
0.70	0	100.00	42	99.18	0	99.99	432	82.99
0.60	0	100.00	17	99.42	0	99.99	336	87.76
0.50	0	100.00	15	99.63	0	99.99	230	91.02
0.40	0	100.00	10	99.77	0	99.99	209	93.98
0.30	0	100.00	5	99.84	0	99.99	148	96.09
0.20	0	100.00	6	99.93	0	99.99	85	97.29
0.10	0	100.00	4	99.99	1	100.00	56	98.09
0.00	0	100.00	1	100.00	0	100.00	54	98.85
−0.10	0	100.00	0	100.00	0	100.00	19	99.12
−0.20	0	100.00	0	100.00	0	100.00	21	99.42
−0.30	0	100.00	0	100.00	0	100.00	15	99.63
−0.40	0	100.00	0	100.00	0	100.00	13	99.82
−0.50	0	100.00	0	100.00	0	100.00	5	99.89
−0.60	0	100.00	0	100.00	0	100.00	0	99.89
−0.70	0	100.00	0	100.00	0	100.00	3	99.93
−0.80	0	100.00	0	100.00	0	100.00	4	99.99
−0.90	0	100.00	0	100.00	0	100.00	1	100.00

此外,还区分不同时间段,1981—1990 年(前 10 年)、1991—2000 年(后 10 年)、1981—2000 年(20 年),以及四个五年时段,即 1981—1985 年——五年(1)、1986—1990 年——五年(2)、1991—1995 年——五年(3)和 1996—2000 年——五年(4),分析比较了相应累计频率的高高潮、高低潮、低高潮和低低潮。结果表明,前 10 年、后 10 年与 20 年资料相比,除低低潮位有较大变化外,其他特征潮位变化不大。而与前 10 年相比,后 10 年低低潮位似乎有变高趋势。四个五年时间段资料相互比较,高低潮和低低潮潮位变化幅度较大,高高潮和低高潮潮位变化幅度较小。采用 20 年潮位资料统计所得累计频率特征潮位能够较好地反映该海域的潮位特征。

3) 低潮位过程

表 2-12 列出了塘沽验潮站 1981—2000 年出现的 7 次连续低潮位过程历时及其特征潮位。可见在该 20 年中不利情况下,连续低潮位过程中最高潮位均低于 3.50 m,平均潮位约为 2.00 m,持续时间一般为 5 天左右,最长达 7 天。因此,在取水工程设计时,有必要考虑电厂运行可能遭遇上述最不利取水条件时的应对措施。

表 2-12 塘沽验潮站 1981—2000 年连续低潮过程潮位统计 （单位:m）

连续低潮时段	最高潮位	最低潮位	平均潮位
1981 年 2 月 23 日 21 时—27 日 18 时	3.18	0.07	1.71
1983 年 1 月 7 日 13 时—14 日 13 时	3.48	0.25	2.07
1984 年 12 月 21 日 16 时—26 日 4 时	3.33	−0.82	1.65
1992 年 12 月 20 日 14 时—25 日 2 时	3.23	0.07	2.03
1993 年 12 月 20 日 12 时—24 日 8 时	3.09	0.11	1.90
1999 年 11 月 15 日 10 时—19 日 9 时	3.35	0.21	2.19
1999 年 12 月 18 日 13 时—23 日 13 时	3.23	0.32	1.95

4) 潮流特性

表 2-13 为 2005 年 5 月工程区海域 1♯～6♯ 六个测站实测大、小潮表层和垂线平均流速值及潮流历时统计。图 2-14 为该次测验潮流垂线平均流速矢量图,6 个测站大潮、小潮分层流速过程如图 2-15 所示。

表 2-13 实测潮流涨、落潮表层/垂线平均流速值和潮流历时统计

测　站			大潮(m/s)		小潮(m/s)		潮流历时(hh:mm)	
站号	高程(m)	离岸距离(km)	涨潮	落潮	涨潮	落潮	涨潮	落潮
1♯	−0.60	3.71	0.23/0.20	0.16/0.17	0.20/0.19	0.17/0.17	5:34	6:50
2♯	−2.75	8.81	0.33/0.30	0.24/0.23	0.22/0.20	0.18/0.15	5:20	7:04
3♯	−0.15	3.54	0.19/0.23	0.15/0.15	0.16/0.14	0.11/0.10	5:12	7:12
4♯	−2.00	8.61	0.35/0.31	0.26/0.25	0.24/0.23	0.18/0.18	5:54	6:30
5♯	−4.20	12.74	0.32/0.31	0.30/0.27	0.29/0.26	0.19/0.17	5:30	6:54
6♯	−4.05	12.76	0.35/0.40	0.38/0.30	0.31/0.29	0.19/0.19	5:20	7:04
平均值							5:28	6:55

注:高程基准面为新港理论基准面,高于该基准面为"＋"值,低于该基准面为"－"值。

实测资料反映工程区海域潮流主要特征为:受到海湾岸线与水域地形制约,涨、落潮流的主流向大致呈 NNW—SSE 向;各站潮流皆按顺时针方向旋转,其中近岸浅水区(1♯、3♯测站)表现为旋转型流态,离岸较远更大水深处(2♯、4♯～6♯测站)表现为较典型的往复流流态,涨潮流速明显大于落潮流速。

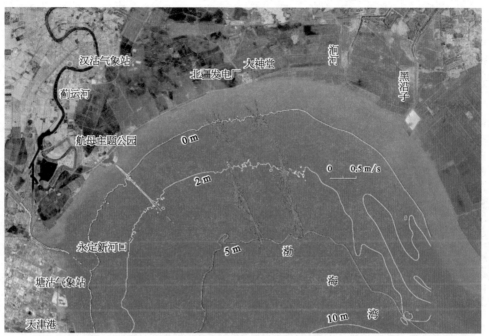

(a) 大潮(2005年5月25—26日)

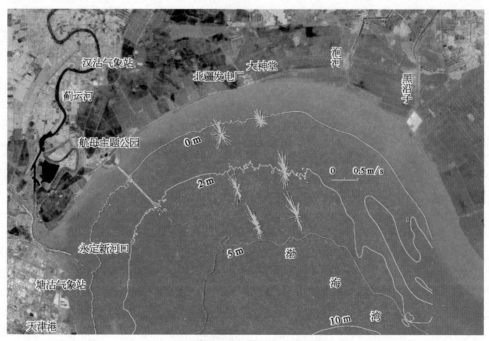

(b) 小潮(2005年5月31日—6月1日)

图 2-14　2005 年实测潮流垂线平均流速矢量图

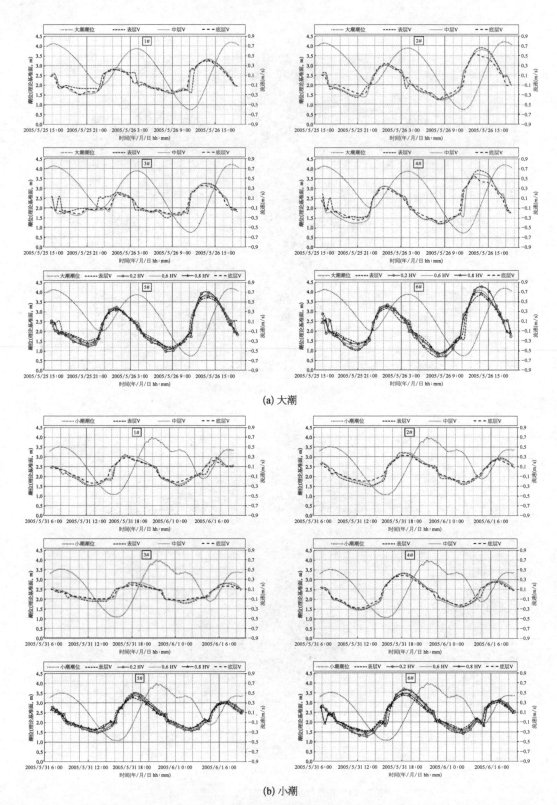

(a) 大潮

(b) 小潮

图 2－15　2005 年实测大潮、小潮分层流速过程

在水域平面空间上,涨、落潮流速随离岸距离增加(水深变深)而增大。大潮涨落潮流垂线平均流速为 0.15～0.40 m/s。小潮潮流与大潮潮流相比,其流动形式基本相同,但其平均流动速度明显较小,约为大潮流速的 0.6～0.7 倍。大、小潮期间涨、落潮最大流速均出现在 6♯测点表层,大潮为 0.82 m/s、0.62 m/s,小潮为 0.56 m/s、0.34 m/s。

在潮流涨落过程中,涨急、落急时段流速大,涨急时段流速大于落急时段流速,平潮时段即涨转落或落转涨的转流期流速很小。同一时刻同一测点流速在垂线上的分布,大多数测站为表层流速>0.2H 层流速>中层(0.6H 层)流速>0.8H 层流速>底层流速,这一分布特点在涨急和落急时段表现得最为明显。在平潮时段垂线上从表层至底层潮流流速均很小,且流向相差较大,甚至存在上下层流向不易被明确地判断为涨潮流或落潮流的情况,即潮憩期潮流动力微弱、流态松弛迟缓、潮流旋转、流向不明确,如图 2 - 15 所示。

书中后文分析指出,工程海域泥沙总体向岸和向永定新河口方向输移。实际上正是该海域的主要水动力因素——潮流具有上述向岸涨潮流速大、离岸落潮流速小,以及在水域平面空间上涨落潮流速随离岸距离减小(水深变小)而减小的基本特性,决定了工程海域泥沙总体上必然向岸方向输移。

2.2.3　入海径流泥沙

工程区附近海域主要入海河流有永定新河、涧河(今也称新陡河)和沙河(黑沿子附近),其中永定新河口位于厂址西南约 22.5 km,涧河和沙河分别在厂址以东约 11 km 和 17.5 km。涧河和沙河为我国北方典型的季节性河流,也可能因其水沙量小而查不到相关历史数据。因此,在此只概述 2005 年之前永定新河的入海径流泥沙等情况。

永定新河是 1971 年人工开挖河道,河道断面为以深槽行洪为主的复式河槽,自天津市北辰区屈家店起至渤海湾西北湾顶附近天津市滨海新区北塘镇入海口止,全长 66 km。永定新河是海河流域北系四河(永定、潮白、北运和蓟运)的共同入海通道,自上而下左岸依次有机场排污河、北京排污河、潮白新河、蓟运河等河道汇入,右岸依次有金钟河、黑猪河等汇入,河口控制北四河流域面积 8.3 万 km²。河口位于较典型淤泥质海岸,呈喇叭形,如图 2 - 16 所示。

永定新河自投入运行以来,受宏观气候变化和人类活动影响及各汇入河道上游修建水库等拦蓄,径流逐年减少,枯水年份几乎无径流下泄,潮流是河道及河口冲淤变化的主要动力。1972—2000 年期间年均入海径流仅 16 亿 m³,年纳潮量为 282 亿～353 亿 m³,年径流量只占年纳潮量的 5% 左右,而且 74% 径流集中在潮白新河和蓟运河以下靠近河口的下游河段,河道长期受潮汐水流控制。河口区海床坡度平缓,潮间带浅滩宽阔,较大范围分布着 0.5～1.6 m 厚度不等、容重为 1 100～1 300 kg/m³ 的浮泥层和新淤泥,近底及岸滩上这些细颗粒泥沙在风浪与潮流作用下极易向河口和河道上游运动输移。

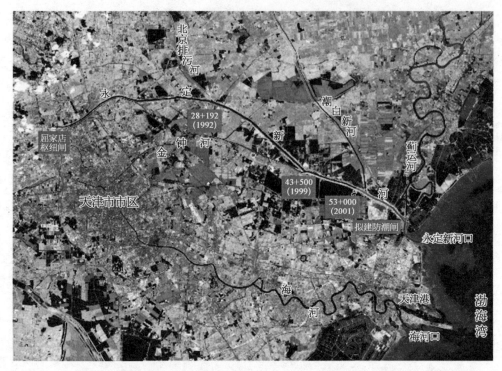

图 2 - 16　永定新河地理位置及河道挡潮埝不断下移示意图(2002 年 10 月遥感影像底图)

　　1989 年 3 月以前潮水可以沿河道上溯抵达屈家店闸闸下,河道纳潮量大,累积性海相泥沙淤积严重,河道形态沿程呈现为上段淤积严重、中段淤积较少、下段及河口深槽冲刷。1971—1989 年 3 月全河道(0+000—62+000)淤积总量为 2 513.5 万 m³,平均年淤积量为 141 万 m³。其中,河道上段(26+000 以上)淤积严重,淤积量为 1 565 万 m³,占总淤积量的 62.3%;中游段(26+000—51+600)淤积较少,河道淤积末端位于 51+600 附近;河口段(51+600—62+000)出现冲刷,冲刷总量为 559.4 万 m³,年均冲刷量为 31.4 万 m³。

　　为了保持河道防洪标准,天津市对永定新河分阶段进行了多次清淤和下移挡潮埝工程。1989—1992 年汛期前,完成了屈家店至下游 28 km 段河道清淤,并在河道里程 28+192 建设了挡潮埝。挡潮埝改变了永定新河纳潮的上游边界,恢复了埝上河道的设计行洪能力。但埝下河道泥沙淤积现象依然存在,泄洪能力大幅度下降。据 1994 年 9 月实测资料分析,29+000 断面实际行洪能力仅为设计过流能力的 17%。1999 年为应急度汛对 28+192 以下河道进行了局部清淤,并在 43+500 处修筑第二道挡潮埝。汛后河道断面测量表明埝下河道普遍发生了淤积,原河口冲淤段不复存在,淤积末端下移到了 63+000 断面。2000 年 5 月在 50+100 断面修筑了第三道挡潮埝,2001 年在 53+000 处建了挡潮埝(图 2-16)。

　　1989—1999 年各时段河道冲淤量统计见表 2-14。在此间 10.5 年中,埝下河道年平均淤积量为 267 万 m³,其中 1993 年 9 月—1994 年 10 月一年淤积量高达 708 万 m³;而1997 年 10 月挡潮埝由 28+192 下移至 43+500,即河道纳潮长度缩短了约 15.3 km,1997

年 10 月—1999 年 9 月接近两年年均淤积量约为 249 万 m³,剔除 1993—1994 年淤积量特别大的情况,年均淤积量似有增大趋势。实测资料分析表明,历次建堰或堰下移后,堰下河道依旧出现累积性泥沙淤积且淤积速率似有加快趋势,堰下河道河床往往淤积露滩,行洪能力远低于设计标准。为应急度汛保障防洪安全,每年汛前均需要进行堰下河道清淤工程。

表 2 - 14　永定新河 1989—1999 年各时段河道冲淤量统计　　　　　(单位:万 m³)

参　数	1989 年 3 月—1992 年 8 月	1992 年 8 月—1993 年 9 月	1993 年 9 月—1994 年 9 月	1994 年 9 月—1997 年 10 月	1997 年 10 月—1999 年 9 月	合计 1989 年 3 月—1999 年 9 月
年数	3.42	1.08	1.00	3.08	1.92	10.50
淤积范围(桩号)	28+192 —55+000	28+192 —57+000	28+192 —58+000	28+192 —63+000	43+500 —63+000	28+192 —63+000
淤积量	750.98	764.74	182.62	626.6	478.93	2 803.83
年均淤积量	219.58	708.09	182.62	203.4	249.44	267.03

据永定新河 1972 年 7 月—2005 年 6 月共 34 年入海径流和泥沙量统计(表 2 - 15),永定新河多年平均径流量为 13.875 亿 m³(不包括机场排污河 20 m³/s),最大年径流量为 55.86 亿 m³(1978 年 7 月—1979 年 6 月),最小年径流量为 0.06 亿 m³(1983 年 7 月—1984 年 6 月)。1972—1998 年汛期年平均入海泥沙为 12.16 万 t,1972—1987 年年平均入海泥沙为 26.12 万 t。每年汛期泥沙入海量所占份额较大。

表 2 - 15　永定新河 1972—2005 年入海径流和沙量统计表

参　数		1972—1979 年	1980—1989 年	1990—1999 年	2000—2005 年	1972—2005 年
入海径流量(亿 m³)	年平均	30.247	7.496	14.808	2.320	13.875
	最大,最小	最大 55.86(1978 年 7 月—1979 年 6 月);最小 0.06(1983 年 7 月—1984 年 6 月)				
	汛期平均	12.16(1972—1998 年)				
年平均入海沙量(万 t)		26.12(1972—1987 年)				

永定新河入海径流主要来自尾部汇入的潮白新河和蓟运河,水量年际丰枯悬殊、年内汛期集中。潮白新河和蓟运河多年平均径流量分别为 6.76 亿 m³ 和 6.04 亿 m³,两河多年平均径流量合计占河口入海径流总量的 79.9%。1972—2001 年 30 年资料记载,潮白新河发生大于 1 500 m³/s 的洪峰流量共 8 次,蓟运河发生大于 1 300 m³/s 的洪峰流量共 5 次。永定新河入海最大洪峰流量为 3 280 m³/s(1979 年 8 月)。

受上游闸门启闭及潮白新河、蓟运河洪水不同步纳入影响,永定新河洪水过程呈多峰状,历时一般为 10 天左右,有的年份时间较长一些。

2.2.4　风暴潮

天津沿海是风暴潮易发地区之一。据统计,从 1860—2005 年的 145 年中,成灾的风暴潮已超过 30 次,平均每四年多左右就有一次。近期发生的较大风暴潮有:"7203"(1972年 7 月 27 日)台风风暴潮,"8507"(1985 年 8 月 2 日)台风风暴潮、"8509"(1985 年 8 月 19 日)台风风暴潮,"9216"(1992 年 9 月 1 日)台风风暴潮和 2003 年 10 月中旬渤海寒潮强风暴潮。

据分析,"9216"号台风引起的风暴潮高潮位重现期约为 140 年一遇,是中华人民共和国成立以来塘沽遭遇的最大风暴潮,其最高潮位超过海河闸 1.14 m,海水倒灌,造成塘沽新港码头、船厂和居民区等地被淹,一部分海防工程被破坏,经济损失相当严重。

在北方强冷空气遭遇天文大潮的影响下,2003 年 10 月中旬渤海湾、莱州湾沿岸发生了近 10 年来最强的一次温带风暴潮。受其影响,天津塘沽验潮站最大增水 1.60 m,最高潮位为 5.33 m,超过当地警戒水位 0.43 m;河北黄骅港潮位站最大增水 2.00 m 以上,其最高潮位为 5.69 m,超过当地警戒水位 0.39 m;山东羊角沟潮位站最大增水 3.00 m,其最高潮位为 6.24 m(为历史第三高潮位),超过当地警戒水位 0.74 m。塘沽验潮站在风暴潮期间的实测潮位过程如图 2 - 17 所示。

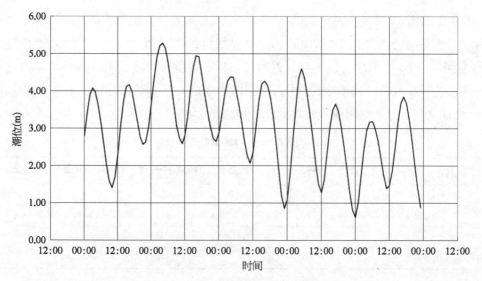

图 2 - 17 2003 年 10 月中旬渤海风暴潮塘沽验潮站潮位过程线

此次风暴潮过程中,渤海出现 4~6 m 巨浪,河北省秦皇岛、唐山沿岸近海出现 3.5 m 大浪,沧州、黄骅沿岸近海出现 4 m 巨浪,对近岸海堤、海上水产养殖造成巨大经济损失。新港船厂设备被淹,库存物资损失严重,部分企业停产。天津港遭受浸泡的货物有 37 万余件,计 22.5 万 t,740 个集装箱和 107 台(辆)设备遭海水淹泡。大港石油公司油田停产 1 094 井次。原盐损失 15.3 万 t;淹没鱼池 3 440 亩;渔船损毁 156 条、渔网 27 排;海堤损毁 7.3 km,泵房损坏 13 处;倒塌民房 1 间,损坏 544 间。渤海湾北部京唐港航道发生了严重淤积,航道淤积总量超过 180 万 m³,最大淤厚达 5.5 m,严重影响了港口正常运营。

预计风暴潮对电厂取水工程的影响主要表现在两个方面,其一是挡沙堤结构在强潮大浪条件下的稳定性问题,其二是引潮沟可能发生集中泥沙淤积(骤淤)。在电厂取水工程设计与建设中应充分估计风暴潮的不利影响,还应拟定电厂建成运行中的应对措施,以避免造成重大损失。

2.2.5 水温与海冰

1) 水温

海水温度是随时间、水深变化的,且不同季节之间差异较大。夏季最炎热 3 个月 10% 的日平均海水温度是海水冷却电厂设计中一个重要设计参数。此外,水温对于海水流体特性和水中泥沙运动特性也有一定影响。因此,必须了解工程海域海水温度的基本情况。

天津位于中纬度欧亚大陆东岸,主要受季风环流支配,是东亚季风盛行地区,属大陆性气候。其主要气候特征是:四季分明,春季多风,干旱少雨;夏季炎热,雨水集中;秋季气爽,冷暖适中;冬季寒冷,干燥少雪。天津市年平均气温为 11.4～12.9℃,市区平均气温为 12.9℃。气温年内变化为:1 月最冷,平均气温在 -5～-3℃;7 月最热,平均气温在 26～27℃。根据天津塘沽海洋站 2000—2006 年实测值及历史资料统计分析,工程区多年平均气温为 13.1℃,极端最高气温为 40.9℃,极端最低气温为 -18.3℃(1953 年 1 月 17 日)。

根据 1994—2003 年 10 年实测资料分析[3],天津塘沽海域海水温度具有比较明显的季节分布与变化规律(表 2-16 和图 2-18)。冬季水温最低,1 月水温为 -1.4～-0.5℃;夏季水温最高,7—8 月平均水温为 24.5～28.8℃,极端最高水温可达 31℃。多年全年平均水温为 13.1℃,7—9 月为炎热期,8 月最热,平均水温为 27.4℃,1 月平均水温为最低,平均水温为 -1.2℃。

表 2-16 1994—2003 年塘沽海洋站表层海水温度特征值统计 (单位:℃)

特征参数	1 月	2 月	3 月	4 月	5 月	6 月	7 月	8 月	9 月	10 月	11 月	12 月
最高	-0.5	0.6	5.6	12.5	19.1	25.0	28.7	28.8	24.8	18.3	8.7	2.2
最低	-1.4	-0.8	3.3	10.9	17.4	23.2	26.1	26.0	21.4	15.3	6.9	-0.3
平均	-1.2	-0.2	4.5	11.7	18.3	23.9	24.5	27.4	23.2	16.4	8.0	1.2

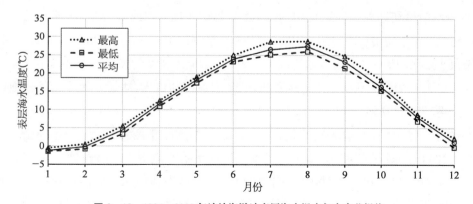

图 2-18 1994—2003 年塘沽海洋站表层海水温度年内变化规律

汉沽浅海受大陆气候影响显著,径流、降水、大风等直接引起水温变化。根据 1986 年《天津市海岸带和海涂资源综合调查报告》,汉沽浅海年平均水温变化幅度为 11.33～13.5℃,1—2 月平均水温为 0.78～0.9℃;3 月平均变幅为 0.5～4.3℃,最低值为 0.17℃,最高值为 9.2℃;4 月平均水温为 8.3～10.8℃,最低值为 2.9℃,最高值为 15.5℃;5 月随着气温回升,水温增高很快,月平均变幅为 15.7～17.3℃,最低温度 10.6℃,最高温度 23.5℃;6 月表层水温平均值为 22.5℃;7—8 月表层水温平均值为 26～27℃;9 月水温开始下降,月平均水温为 22～24℃;10 月平均水温一般不超过 18℃;11 月水温为 7.8～11.7℃;12 月平均水温大部分下降到 2～3℃,月最低温度一般在零度以下。

本取水工程设计时没有工程海域水温观测资料,根据塘沽海洋站最近 5 年观测的表层海水温度,经计算分析[3],塘沽表层最近 5 年最热月频率 10% 的海水温度值为 29.1℃,供设计参考。

2) 海冰

大港发电厂取水工程海域冬季离岸 1 km 左右会形成冰坝,坝高 2～3 m,历时约 3 个月。北疆发电厂工程区海域同属渤海湾,且地理位置还稍偏北一些。因此,必然需要面对冬季海冰对电厂取水影响问题。

因受所处地理位置和气象条件影响,我国渤海及黄海北部近海沿岸每年冬季皆有不同程度的结冰现象。寒潮侵袭造成长时间持续低温是我国海冰生成的主要原因。海冰形成后,伴随着天气回暖,气温和水温上升,海冰也逐渐融解消失。因此,我国海冰都是当年度结冰、成长和融解,无"二冬冰"或"多年冰"。海冰的形成、发展和消失过程,对应着初冰(发展)期、盛冰期和融冰期 3 个阶段。

渤海及黄海北部沿岸每年于 11 月中、下旬或 12 月上、中旬由北往南逐渐结冰,翌年 2 月下旬或 3 月上、中旬,由南往北逐渐融解消失,冰期 3～4 个月,其中 1 月至 2 月上旬为冰情较重的"盛冰期"。辽东湾冰期最长,冰情也最严重,其次渤海湾和莱州湾。浮冰漂流方向大多与海岸平行,或与最大潮流方向接近,流速一般在 1 节以内(约 0.5 m/s),最大 2～3 节。渤海湾沿岸初冰在 12 月上、中旬,终冰在翌年 2 月下旬或 3 月初,冰期 90～110 天。1 月上旬至 2 月中旬出现固定冰,宽 200～2 000 m,个别浅滩处达 3～4 km,冰厚 15～40 cm。浮冰范围约距岸 10～20 km,浮冰厚度 10～30 cm。流冰速度约 0.6 节(约 0.3 m/s),最大 2 节(约 1 m/s)。渤海湾海河口附近因盐度较低,又有河冰流入,冰情一般重于其他地区,一般冰情如图 2-19 所示。

相对于一般冰情,所谓异常冰情,系指轻冰年和重冰年两种情形。渤海轻冰年份有 1935 年、1941 年、1954 年和 1973 年。轻冰年特点是结冰范围小、冰薄、冰期短、对海上生产无影响。除河口、浅滩、个别海湾及岸边地区有冰外,大面积冰区只出现在辽东湾北部,渤海广阔海面无冰。据计算,常年冰区面积为渤海面积的 40% 左右,轻冰年冰区面积只有

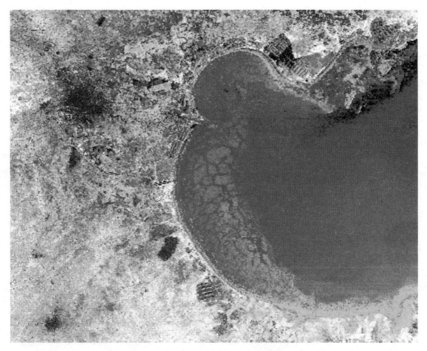

图 2-19　渤海湾 1988 年 1 月 25 日冰情卫星遥感图

常年的 1/3～1/2,即只占渤海面积 10%～20%。轻冰年份除营口、鲅鱼圈等地有固定冰外,许多地方无固定冰出现。冰层薄、堆积现象也较轻,对海上航行基本无影响。冰期普遍较常年冰期缩短 5～40 天。从气象条件看,轻冰年份强冷空气活动较少、强度也弱,大风次数少、持续时间短,月平均气温比多年平均气温高 3～4℃,渤海及黄海海面水温比多年平均值高 1～2℃,降温不明显,海水不易结冰。

重冰年特点是冰期长(比一般年份冰期长 15～25 天)、结冰范围大(比一般年份大 1～2 倍)、冰层较厚,港湾及航道被封冻,冰质坚硬,冰堆积现象严重,船只被冻海上,海上建筑物遭到破坏。重冰年气候偏冷,冷空气势力强、活动频繁。渤海除海区中央及渤海海峡外,几乎全被海冰覆盖。渤海湾沿岸海冰堆积现象严重,一般为 2～3 层海冰相叠,多者 4 层,冰厚为 30～70 cm,最厚达 1.5 m。堆积高度为 2～4 m,以致在大沽口外形成"冰丘"。破冰船难以作业,海上航行和生产困难。

半个多世纪以来,渤海每次冰封或严重冰情都带来不同程度的损失,几乎每 10 年就有一次损失严重的海冰灾害。据 20 世纪 30 年代以来海冰观测和记载,属重冰年的有 1936 年、1947 年、1957 年、1969 年和 1977 年共 5 次,最为严重的是 1969 年的渤海特大冰封。

根据国家海洋局 1989—2005 年海洋灾害公报收集的资料(表 2-17),2001 年冰情是近年最为严重的。当年 2 月 7—13 日,渤海和黄海北部出现该年度最大范围海冰(图 2-20);辽东湾海冰外缘距湾顶最大距离 115 海里,一般冰厚为 15～25 cm,最大冰厚为 60 cm;渤海湾海冰外缘距湾顶最大距离约 30 海里,一般冰厚为 10～20 cm,最大冰厚为 35 cm;黄海北部海冰外缘距岸最大距离约 33 海里,一般冰厚为 10～20 cm,最大冰厚为 30 cm。在冰情严重期,辽东湾北部沿岸港口基本处于封港状态;素有"不冻港"之称的秦皇岛港冰情严重,港口航道灯标遭流冰破坏,港内外数十艘船舶被海冰围困,航运中断,锚地有 40 多艘船舶因流冰作用走锚;天津港船舶进出困难,影响了海上施工船作业;黄海北部大东港船舶航行受到影响;渤海海上石油平台受到流冰严重威胁。

表 2-17　渤海湾 1989—2005 年冰情概况

年度	冰情较重时间	冰级	冰情总体描述
1989	1 月底		冰情最重时期渤海湾流冰范围为 8 海里,均以尼罗冰和冰皮为主,间有灰冰,一般冰厚为 5～10 cm,最大 20 cm
1990	1 月上旬—2 月上旬	2	本年度冰情为常年状况,渤海湾流冰范围为 25 海里左右,以灰冰和尼罗冰为主,间有少量灰白冰,一般冰厚 5～15 cm,最大冰厚 30 cm。渤海湾严重冰期出现在 1 月下旬至 2 月上旬,在此期间冰情发展迅速,船舶航行受阻,石油平台受到威胁。有的船只在流冰的作用下发生走锚现象
1991	1 月下旬—2 月上旬,2 月下旬		冰情较常年明显偏轻,也是近几年来冰情最轻的年份。渤海湾于 12 月中旬前期出现初生冰,初冰期略有提前;终冰期出现在 2 月下旬,接近常年。本年度冰情出现两次较严重期,1 月下旬到 2 月上旬出现一次,2 月中旬开始海面冰明显衰减,进入 2 月下旬,因受冷空气影响冰情又趋严重。从 3 月上旬起至 3 月中旬末,海面冰逐渐融化消失。冰情相对严重时,流冰范围小于 10 海里,以莲叶冰为主,间有少量的灰白冰,一般冰厚 5～10 cm,最大冰厚 20 cm
1992	1 月下旬—2 月上旬		冰情较常年明显偏轻。渤海湾初冰期和终冰期均接近常年。渤海湾无严重冰期,主要为冰皮、初生冰和莲叶冰
1993	1 月下旬后期		冰情持续偏轻,与上一年度的冰情基本相当。渤海湾初冰期推后 4 天,终冰期为常年,渤海湾严重冰期大约 15 天。冰情最严重时段,渤海湾流冰范围约 12 海里,以莲叶冰和尼罗冰为主,间有灰白冰
1994	1 月上旬后期—2 月中旬		渤海冰情为北部海区接近常年,南部海区较常年偏轻。渤海湾初冰期较常年略有提前,终冰期为常年,渤海湾严重冰期约 20 天。冰情最严重时段,渤海湾流冰范围约为 10 海里,以莲叶冰和尼罗冰为主,间有灰冰
1995	1 月下旬初		渤海湾内冰情偏轻。初冰期渤海湾接近常年;严重冰期渤海湾大约 22 天;终冰期渤海湾较常年提前 14 天。渤海湾冰期较常年缩短 41 天左右。渤海湾最大结冰范围出现在 1995 年 1 月下旬初,约 15 km
1996	1 月上旬—2 月下旬	1	冰情偏轻年份,渤海湾冰期较常年缩短 16 天,为 22 天。渤海湾结冰范围约 15 海里
1997	1 月下旬初—2 月上旬前	1	本年度属常年偏轻年份冰情。初冰期渤海湾接近常年,冰情严重期间渤海湾冰型以莲叶冰和尼罗冰为主,间有灰冰,终冰期渤海湾较常年提前 14 天;渤海湾的冰期天数为 45 天,较常年缩短 16 天。年度最大结冰范围渤海湾出现在 1997 年 1 月下旬初期,流冰范围为 15 海里。在冰情严重期间,1 月上旬末天津塘沽港至 118°E 的海域布满了 10 cm 左右厚的海冰,使大批出海作业的渔船不能返港
1998	1 月下旬	1	本年度属偏轻年份冰情。渤海湾初冰期比常年推后 20 多天;渤海湾终冰期较常年提前 10 天,冰期较常年缩短 1 个月。渤海湾结冰范围约 10 海里
1999			渤海冰情明显偏轻且维持时间较短,是近 10 年来最轻的一年。初冰期,渤海湾比一般年份推后 37 天;终冰期,渤海湾比一般年份提前 28 天。在冰情严重期,渤海湾最大结冰范围大约 10 海里,以莲叶冰和尼罗冰为主,一般冰厚 5～10 cm,最大冰厚 20 cm

（续表）

年度	冰情较重时间	冰级	冰情总体描述
2000	2 月上旬		2 月 8 日渤海辽东湾出现了最大范围的结冰,最大距离(距湾顶)约 78 海里,一般冰厚 10～20 cm,最大冰厚 45 cm。冰情严重期间,辽东湾海上石油平台及海上交通运输受到影响,有些渔船和货船被海冰围困,造成一定损失
2001	1 月下旬—2 月上旬	3	本年度冰情与常年相比明显偏重,是近 20 年来最重的一年。2 月 7—13 日渤海和黄海北部出现最大范围海冰;渤海湾海冰距湾顶约 30 海里,一般冰厚 10～20 cm,最大冰厚 35 cm。在冰情严重期间,天津港船舶进出困难,影响了海上施工船作业,渤海海上石油平台受到流冰严重威胁
2002	2001 年 12 月 26 日前后		轻冰年,是有观测记录以来最轻的一年。渤海湾流冰范围离岸距离约 8 海里,一般冰厚小于 10 cm
2003	1 月上旬和 2 月上旬	2	渤海湾沿岸最大流冰范围 18 海里,一般冰厚 5～10 cm,最大 25 cm。冰情严重期间,进出天津港的船只受到影响
2004	1 月下旬和 2 月上旬	2	渤海湾沿岸最大流冰范围 17 海里,一般冰厚 5～10 cm,最大 20 cm。在严重冰情期间,进出渤海湾天津港的船只受到一定影响,但没有造成明显经济损失
2005	1 月下旬和 2 月上旬	3	本年度冰情为常年状况。初冰期明显推后,终冰期接近常年,冰期比常年略短。在冰情严重期间,渤海湾最大浮冰范围 14 海里,一般冰厚 5～10 cm,最大 25 cm

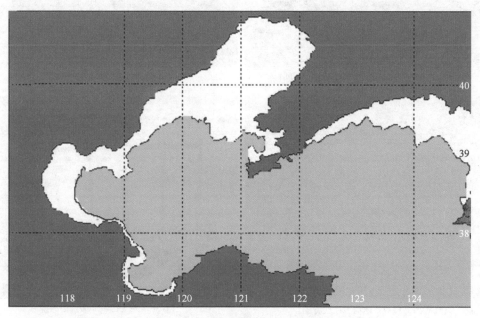

图 2-20　2000—2001 年度冬季渤海和黄海北部海冰(白色)范围示意图

　　2006 年 1 月 19—21 日,研究单位课题组对渤海湾海河口至北疆发电厂取水工程(大神堂)海域和辽东湾鲅鱼圈营口电厂取水口现场考察了冬季结冰情况。

　　因永定新河口和大神堂附近海面被冰封,考察船只能从海河口内渔港出发,绕过天津港南疆港区后一路北上,跨越天津港航道,航行经过永定新河口外海域最后到达电厂厂址离岸 7 km 海域。据我们观察,天津港航道没有受到海冰影响,其进出船舶较为频繁,航道两侧仅有少量浮冰。过天津港航道后继续向北航行,浮冰排列逐渐紧密,冰型多为莲叶冰,如图 2-21(a)所示。拟建北疆发电厂厂址离岸 7 km 海面是厚度不一的浮冰,如图 2-21(b)所示。从 2006 年 1 月 26 日的卫星遥感图,如图 2-21(c)所示,可见渤海湾湾顶海域沿岸结冰的大致范围。

辽东湾冰情较之渤海湾严重一些。在鲅鱼圈营口电厂取水口外,冰面凹凸不平,如图 2-21(d)所示。一般可见 2~3 层海冰重叠在一起,海冰重叠层数越多隆起越高。据国家海洋环境监测中心专家介绍,该取水口外海冰范围至少 20 海里,一般平整处冰厚 15~25 cm,最大冰厚 45 cm 左右。

(a) 天津港航道与大神堂之间离岸7 km海域莲叶冰

(b) 大神堂海域离岸7 km冰况

(c) 渤海湾1月7日冰情卫星遥感图

(d) 鲅鱼圈营口电厂取水口冰况

图 2-21　2006 年 1 月 19—21 日北疆发电厂取水工程海域和辽东湾鲅鱼圈营口电厂取水口冰情现场考察

从渤海湾内冰情历史资料分析结果和工程区自然条件看,北疆发电厂取水口位于渤海湾顶易结冰海域,附近河流基本无径流入海,取水工程只受海冰影响,每年冰期为 90~110 天(12 月至翌年 3 月初)。在轻冰年可能没有固定冰,取水安全基本不会受到影响。但在重冰年取水工程可能整体受到固定冰的影响,尤其是海冰有可能堆积于引潮沟内引起阻塞而危及取水安全。海冰问题同样需要在工程设计中引起足够重视。

2.3　泥沙运动特性

2.3.1　泥沙来源

首先,从泥沙来源的大环境方面来说。渤海湾泥沙来源分析有许多文献[5-8],考虑黄河入海水沙变化趋势及其影响,并综合海河流域最近多年入海水沙变化发展趋势,基本观点如下:

(1) 历史上黄河多次改道注入渤海湾,黄河与渤海湾海岸、海底形成及发展关系密切,入海水沙量有减少趋势。总体上,粒径相对较粗的入海泥沙沉积在黄河口附近形成河口沙咀,并使黄河口不断向外海延伸;在渤海湾大范围潮流与风浪综合作用下,细颗粒泥沙向黄河口两侧运移、扩散,并向渤海湾内运移。1950—2005 年入海水沙通量分析表明[9],黄河流域降水长时序递减趋势和人类活动影响日益增强,形成了黄河入海水沙通量显著减少趋势。入海径流量减少幅度($-8.113\,9$ 亿 m^3/年)大于入海泥沙量减少幅度($-0.228\,5$ 亿 t/年)。入海径流量主要变点发生于 1968 年、1985 年和 2002 年,入海泥沙量主要变点发生于 1968 年、1985 年和 1996 年。随着上游控制性水利枢纽建设,黄河入海泥沙向渤海湾内运移量呈现减少趋势。

(2) 海河流域入海泥沙减少也较为明显。受流域气候、上游水土保持、兴修水库和拦蓄、滞洪等因素变化影响,21 世纪 80 年代以来,海河流域海河、永定新河和独流减河入海水量基本呈现逐年减少趋势。1997—2005 年独流减河长达连续 9 年无径流入海,三河口入海泥沙量大幅减少。同期,滦河入海泥沙也微乎其微。不过,在渤海环流与波浪作用下,历史上来自滦河已经入海泥沙中的一部分,沿着渤海北岸向渤海湾输移的态势依然存在,但其量值已经大幅减小。

其次,从工程区海域局部范围小环境角度来看。北疆发电厂处于渤海湾北岸湾顶部位,海域水体中泥沙的主要来源是附近沿岸水下滩地海相泥沙在波浪和潮流作用下的局部搬运,包括沿岸方向的和向离岸方向的。天津港主航道北侧规划抛泥地位于厂址以南约 25 km 海域,每年有数百万方疏浚弃土在该地抛投,抛泥区形成明显水下地形凸起,最高峰顶处海图水深仅约为 2.2 m,如图 2 - 22 所示。工程区海域滩面坡缓、水浅,滩面主要组成为淤泥。滩面上这种细颗粒泥沙在波浪和潮流作用下极易被掀起,并被涨落潮流挟带输移。本海域潮汐具有涨潮历时短、落潮历时长的特性,涨潮期间潮流平均流速大于落潮期间平均流速,且潮流流速在水域平面空间上呈现向岸减小分布特征。因而在平常水动力条件下,滩面上泥沙和水体中悬沙总体向岸(渤海湾北部湾顶)和向永定新河口方向输移。多年地形变化分析表明,抛泥活动在短时间内可以引起抛泥区局部海床地形较大变化,但长期以来抛泥地海床总体上处于冲淤基本平衡略微淤积状态,并未出现显著累积性增高。在波浪潮流作用下,新抛泥沙主要向永定新河口和湾顶近岸浅滩水域运移。因此,疏浚抛泥是工程区不可忽视的泥沙主要来源之一。当然,厂址东南约 23 km、黑沿子南侧约 11 km 海域长期以来存在的局部水下沙坝深槽交织区(图2-3和图2-22,基本呈ES—WN走向),沙坝上水深浅、海床表层泥沙活动性强,也是本工程海域泥沙的来源区或中转区。

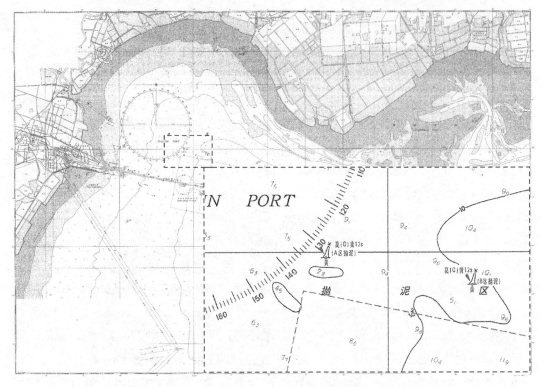

图2-22 天津港及附近2003年12月版海图显示抛泥区水下凸起地形

海床上淤泥在波浪和潮流作用下冲刷后主要以悬移质模式输移运动,而淤泥因其粒径细沉速小沉降缓慢,淤泥一旦进入水体就会因水流运动或紊动而容易扩散至整个水体,导致浅海区域通常长时间含沙量大、水质条件差,这是淤泥质海域取水工程面临的关键难题之一。

2.3.2 浮泥分布

南京水利科学研究院分别于2000年7月和2005年4月对永定新河口海域进行了浮泥分布调查,其中2005年4月调查范围覆盖了北疆发电厂取水工程区海域。两次浮泥分布调查分析结果如图2-23所示。

浮泥调查结果表明,2000年7月永定新河口外地区床面有大片浮泥和新淤淤泥分布,厚度为0.5~1.6 m[图2-23(a)],浮泥与新淤淤泥密度在1 050~1 300 kg/m³。即使在小风浪情况下,现场可见河口附近水域水体呈浊黄色,说明浮泥和新淤淤泥在波浪水流及其紊动作用下易于运动和扩散,直达水体浅表层。

与2000年7月浮泥分布调查结果相比,2005年4月永定新河口及其口外依然有大片浮泥和新淤泥存在,主要位于天津港外航道北侧抛泥区和永定新河口外浅滩区,浮泥厚度

(a) 2000年7月浮泥厚度分布(单位：m)

(b) 2005年4月浮泥厚度分布(单位：m)

(c) 2005年4月浮泥与新淤淤泥密度分布(单位：kg/m³)

图 2‐23　永定新河口附近及渤海湾湾顶水域浮泥调查结果分析

在 0.2~0.8 m[图 2-23(b)]，总体有所减小。浮泥与新淤淤泥密度为 1 060~1 700 kg/m³[图 2-23(c)]，密度有所增大。

分析认为，淤泥厚度减少的原因可能是 2002 年以后天津港启动港岛滩涂造陆工程（即后来的天津港东疆港区），淤泥成为滩涂造陆的宝贵资源，此后年份工程区海域疏浚弃土减少、新淤淤泥数量减少所致。当然，浮泥与新淤淤泥厚度还与浮泥调查工作前和过程中被调查海域水动力（潮流、波浪等）的特定条件有一定关系。

2.3.3 水体含沙量

1）实测含沙量

国家海洋环境监测中心 2005 年 5 月现场大、小潮水体含沙量观测资料分析结果见表 2-18，6 个测点水体分层含沙量分布及其变化过程如图 2-24~图 2-27 所示，图 2-28 反映了 6 个测点水体垂线平均含沙量与潮位随时间变化的关系。工程区海域实测含沙量一般特性为：涨潮含沙量大于落潮含沙量，大潮含沙量大于小潮含沙量；含沙量呈现向岸随水深减小含沙量增大；水体中底层含沙量大于中层和表层，但表层含沙量与底层差别较小，即垂向含沙量分布比较均匀。在潮汐涨落过程中，低低潮平潮时含沙量达到最大，涨平后 1~2 h 含沙量最小，最大含沙量约为最小含沙量的 10~20 倍。即在低潮位期间含沙量较大，而在中潮位以上时段含沙量明显较小。

表 2-18　大神堂海域 2005 年 5 月实测含沙量统计

垂线号	理论基准高程（m）	离岸距离（km）	垂线平均最大值（kg/m³）		垂线测点最大值（kg/m³）		垂线平均值（kg/m³）	
			大潮	小潮	大潮	小潮	大潮	小潮
1#	−0.60	3.71	0.976	0.670	0.992	0.688	0.183	0.183
2#	−2.75	8.81	0.136	0.127	0.148	0.142	0.062	0.064
3#	−0.15	3.54	2.054	1.182	2.122	1.208	0.328	0.303
4#	−2.00	8.61	0.186	0.171	0.190	0.181	0.080	0.101
5#	−4.20	12.74	0.086	0.114	0.109	0.136	0.046	0.059
6#	−4.05	12.76	0.183	0.135	0.206	0.149	0.073	0.067

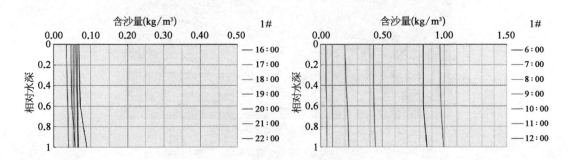

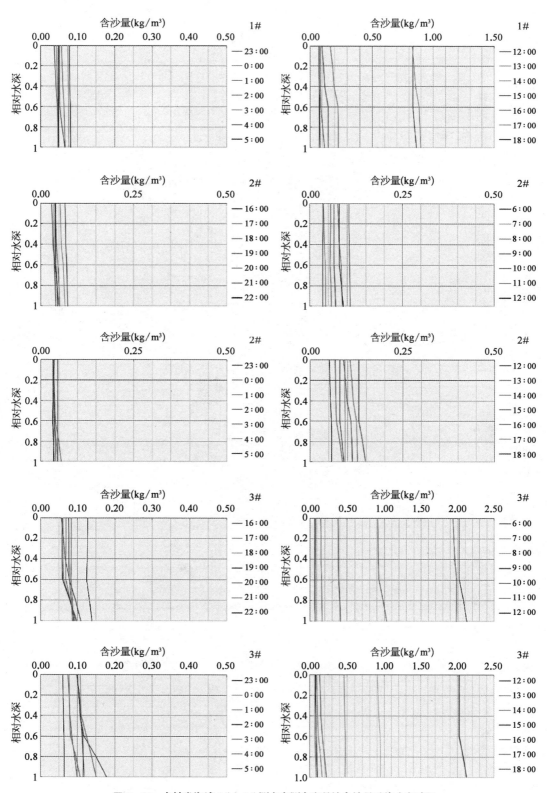

图 2 - 24　大神堂海域 1♯～3♯测点实测大潮悬沙含沙量垂线分布过程

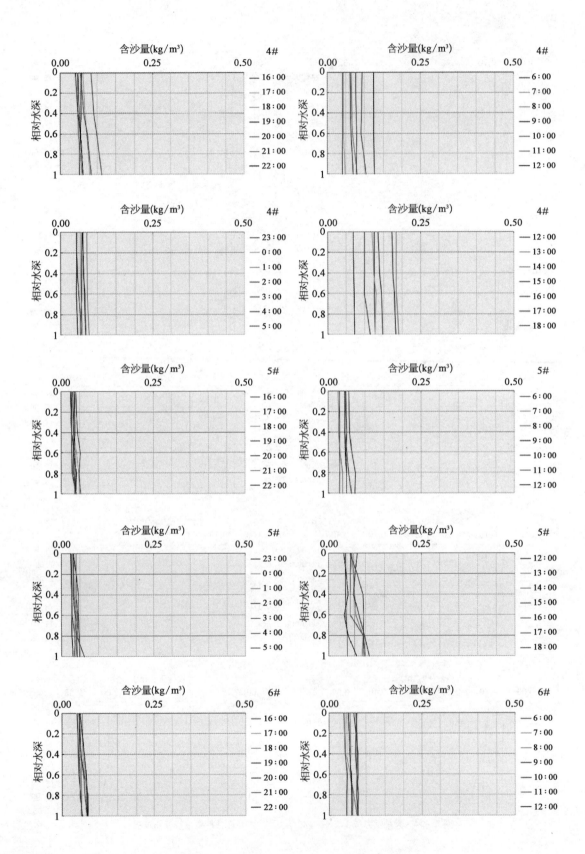

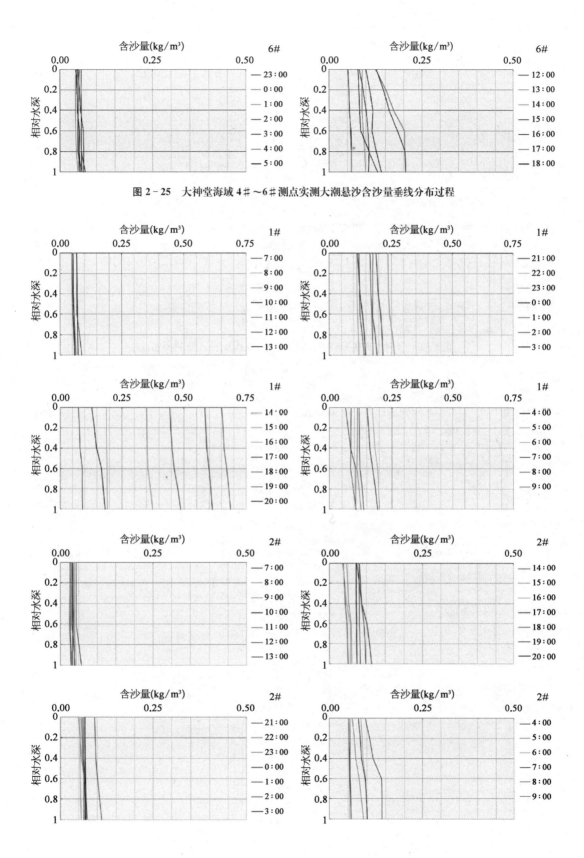

图 2 - 25　大神堂海域 4# ～6# 测点实测大潮悬沙含沙量垂线分布过程

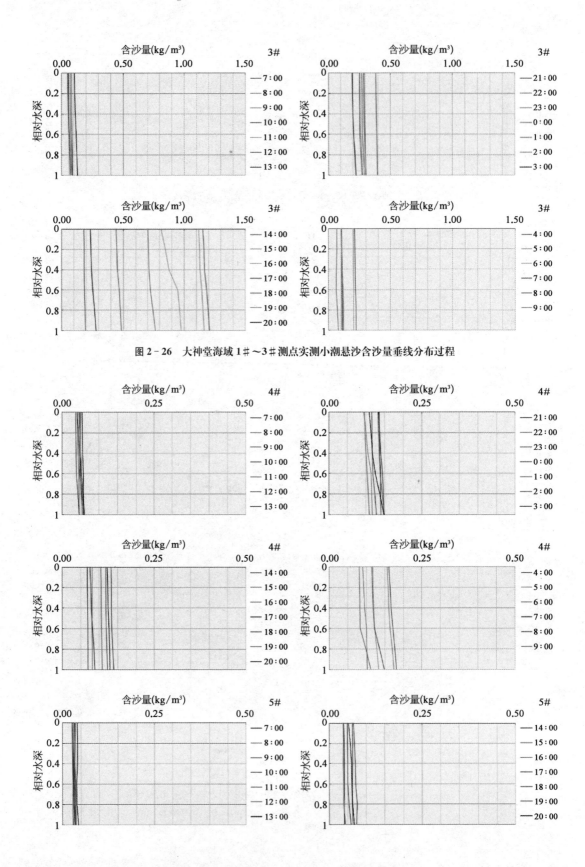

图2-26 大神堂海域1#～3#测点实测小潮悬沙含沙量垂线分布过程

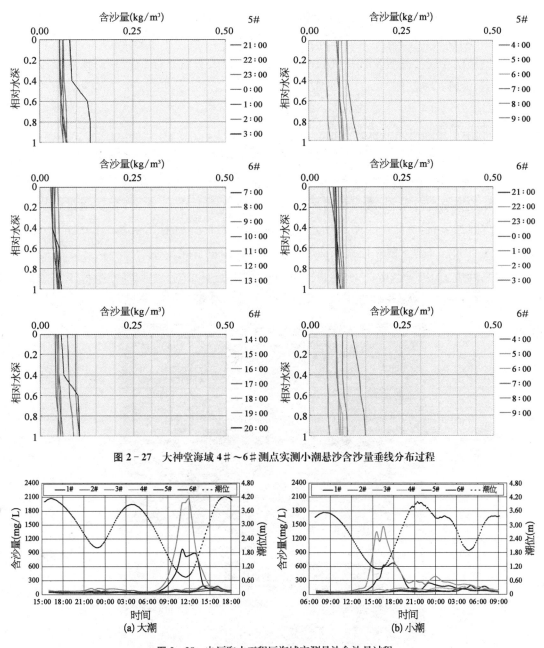

图 2 - 27　大神堂海域 4♯～6♯测点实测小潮悬沙含沙量垂线分布过程

图 2 - 28　电厂取水工程区海域实测悬沙含沙量过程

该次水文测量期间风浪较小,水体含沙量总体上不大。实测大、小潮垂线平均含沙量在整个潮期的平均值为:近岸处 1♯、3♯点(分别在 0.5 m 和 0 m 等深线附近,理论基准,下同)为 0.18～0.33 kg/m³,离岸较远的 2♯、4♯点(分别在 3 m 和 2 m 等深线附近)为 0.06～0.10 kg/m³,离岸最远的 5♯、6♯点(4 m 等深线附近)为 0.05～0.07 kg/m³。大潮、小潮含沙量峰值均出现在潮位 2 m 以下低潮位期间,垂线平均含沙量最大值均出现在 3♯点,大潮最大含沙量为 2.05 kg/m³,小潮为 1.18 kg/m³。

该次实测水体悬沙悬浮物粒度分析表明,悬浮物主要为黏土和粉砂,黏土质含量较高,悬沙为细颗粒黏性泥沙,中值粒径为 0.001～0.004 mm,均属于黏土范畴。工程区海域悬沙和底质两种泥沙性质及粒径大致相当,反映工程区海域水体悬沙和海床底质交换明显而频繁,泥沙运动活跃。

2) 利用卫星遥感图分析含沙量

在泥沙条件基本稳定的情况下,淤泥质浅滩水域水体含沙量取决于风浪大小和潮流强弱,在涉海工程附近还受到工程不同结构的直接影响。常规海洋水文测量由于受测量条件和作业安全规范限制,难以测得风浪较大天气条件下的水体含沙量。通过分析卫星遥感影像数据资料,可获得典型天气条件下的水体含沙量,弥补常规水文测验的不足,从而有助于更加全面地了解和把握工程区海域水体含沙量情况。

收集分析了 1976—2005 年不同时间、不同潮情与风况条件下渤海湾海域卫星遥感图像,水体含沙量分析典型图片如图 2-29 所示,水体含沙量分析结果见表 2-19,平均含沙

(a) 19760323,小潮涨潮

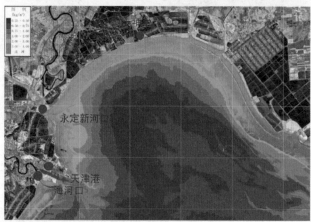

(b) 19881124,大潮落平、NNW风速8.3 m/s
此前两天大风,N最大风速11 m/s

(c) 19950418，大潮落平、NW风速12 m/s；
19950413—14两天大风，ENE最大风速13 m/s

(d) 19970525，大潮落急、SE风速5.1 m/s；
此前两天连续大风，ESE最大风速14.1 m/s

(e) 20021006，大潮落潮

(f) 20050629，小潮涨潮

图 2-29　1976—2005 年不同潮情与风况条件下渤海湾海域水体含沙量卫星遥感资料分析典型图

表 2-19　大神堂海域历年卫星遥感资料分析含沙量统计　　　　（单位：kg/m³）

离岸距离(km)	1	2	3	4	5	6	7	8	9	10
19760323	0.73	0.79	0.78	0.75	0.76	0.75	0.76	0.76	0.75	0.75
19790326	3.6	1.80	1.40	1.10	0.87	0.78	0.79	0.76	0.76	0.75
19810420	滩地	滩地	1.50	0.86	0.73	0.75	0.58	0.5	0.36	0.28
19881124	滩地	滩地	2.80	1.60	0.92	0.81	0.71	0.66	0.53	0.46
19950418	滩地	44	24	8.6	5.7	3.4	2.6	2.0	1.5	1.3
19970525	滩地	滩地	6.6	3.5	1.4	0.88	0.63	0.57	0.50	0.37
20000306	4.5	2.0	0.78	0.68	0.63	0.58	0.56	0.54	0.52	0.50
20000501	4.5	2.8	1.00	0.70	0.63	0.58	0.55	0.53	0.53	0.51
20000712	0.70	0.48	0.45	0.43	0.40	0.35	0.31	0.28	0.25	0.25
20021006	滩地	1.70	0.46	0.25	0.15	0.13	0.20	0.51	0.20	0.12
20050629	2.6	2.2	1.8	1.50	1.00	0.87	0.75	0.63	0.52	0.30
平均值	—	—	3.78	1.82	1.20	0.90	0.77	0.70	0.58	0.51

量离岸分布如图 2-30 所示（图中给出了大港发电厂附近海域水体含沙量和大神堂海域 2005 年 5 月水文测验实测大潮、小潮垂线平均含沙量）。

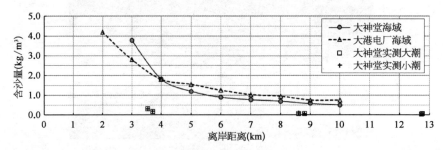

图 2-30　大神堂和大港发电厂附近海域不同水深卫星遥感资料分析含沙量及其与实测含沙量比较

遥感资料分析表明,典型天气条件下工程区海域风浪越大含沙量越高,含沙量在离岸方向上随水深减小而增大;工程前近岸 3.5 km 以内浅滩海域水体含沙量高于 2.5 kg/m³,离岸 4.5 km 以外含沙量为 0.5~1.2 kg/m³,略小于大港发电厂附近海域。在东南或东北方向较强持续大风(风速大于 11 m/s)即持续风浪与大潮共同作用下,水体含沙量明显较大,尤其是在潮位落平期间。典型天气条件下工程区海域水体含沙量在量值比现场实测垂线平均含沙量约大一个数量级。

3) 工程区海域近岸水体年平均含沙量特征值分析

为了进行电厂取水工程沉淀池和引潮沟的泥沙试验研究,需要确定工程区海域岸滩近岸水体年平均代表含沙量。对于淤泥质浅滩水体含沙量分布变化规律,采用当时我国执行《海港水文规范》(JTJ 213—1998)推荐的刘家驹含沙量公式计算,该公式在国内多处淤泥质海岸港口航道淤积计算中得到了良好验证,其形式为

$$S = \beta \gamma_s \left(\frac{\vec{V_1} + \vec{V_2}}{\sqrt{gh}} \right)^n \tag{2-1}$$

式中:S 为垂线平均含沙量(kg/m³);γ_s 为泥沙颗粒容重,通常取 2 650 kg/m³;当 $0.02 \leqslant (|V_1| + |V_2|)/\sqrt{gh} \leqslant 0.25$ 时,$\vec{V_1} = \vec{V_T} + \vec{V_U}$,$\vec{V_T}$ 为潮流时段平均流速,$\vec{V_U} = 0.02\vec{W}$,$\vec{V_U}$ 为风吹流时段平均流速,$\vec{W}$ 为时段平均风速;$\vec{V_2} = 0.2\frac{H}{h}C$,为波浪水质点平均水平速度;$h$ 为水深,H 和 C 分别为波高和波速,其速度单位 m/s,水深、波高单位 m;根据天津港和连云港实测资料得到公式中待定系数 $\beta = 0.027\,3$、$n = 2$。

孙林云在研究永定新河口区海域水动力条件及泥沙问题时,依据多次实测资料总结提出适于该海域不同水深的含沙量计算公式:

$$S = 4.345 \times 10^{-6} \left(\frac{\gamma_s}{\gamma_w} \right)^{12.8} \frac{(|V_w| + |V_c|)^3}{gh\omega} \tag{2-2}$$

式中　$V_w = 0.2\dfrac{H}{h}C$ ——波浪水质点平均水平速度;

$\qquad V_c$ ——潮流时段平均流速;

$\qquad \omega$ ——细颗粒泥沙絮凝沉降速度;

$\qquad \gamma_w$ ——浮泥容量,取为 1 200 kg/m³;

其他符号与单位同前。

上述两公式的基本结构类似,不同之处是刘家驹公式考虑了风吹流的作用,孙林云公式中则考虑了浮泥容重和颗粒沉速的影响;刘家驹公式含沙量与速度二次方成正比关系,孙林云公式中含沙量与速度三次方成正比,后者含沙量对波浪动力的变化更为敏感。

结合工程区海域代表波要素浅水变形计算结果[10]及 2005 年 5 月实测潮流流速统计资料,运用上述两公式得到工程区海域年平均含沙量特征值见表 2-20 和图 2-31。取上述两公式计算结果平均值作为工程前工程区海域近岸不同水深年平均含沙量特征值。

表 2-20　工程前工程区海域年平均含沙量分析估算

离岸距离 (km)	滩地高程 (m)	平均水深 (m)	波况 1 含沙量(kg/m³)		波况 2 含沙量(kg/m³)		平均值 (kg/m³)
			式(2-1)	式(2-2)	式(2-1)	式(2-2)	
1	1.50	1.06	1.80	1.87	2.41	2.53	2.15
2	0.70	2.06	1.13	1.28	1.14	1.01	1.14
3	0.00	2.86	0.74	0.75	0.76	0.62	0.72
4	−0.60	3.26	0.60	0.59	0.63	0.50	0.58
5	−1.00	3.56	0.51	0.49	0.54	0.43	0.49
6	−1.50	4.06	0.45	0.43	0.47	0.38	0.43
7	−1.90	4.56	0.41	0.40	0.44	0.35	0.40
8	−2.20	4.76	0.39	0.38	0.42	0.34	0.38
9	−2.70	5.26	0.36	0.35	0.38	0.31	0.35
10	−3.00	5.56	0.34	0.33	0.37	0.31	0.34

注: 波况 1, $H_{1/10}=0.84$ m, 全年 $P=65.90\%$; 波况 2, $H_{1/10}=0.65$ m, 全年 $P=90.21\%$。

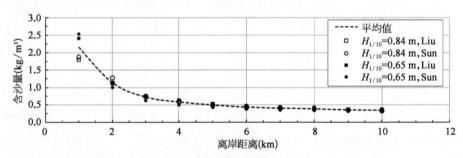

图 2-31　工程前工程区海域不同水深年平均特征含沙量

2.3.4　泥沙运动特性

1) 泥沙

泥沙是泥土与砂石的统称。本书中所谓泥沙,是指地表上和地表水体(河川、水库和海滨)中在流体运动中或受风力、水流、波浪、冰川、重力及人类活动作用移动后沉积下来的固体颗粒物质。岩石风化是产生泥沙最主要的来源。此外,生物的骨骼和介壳,火山喷发出的火山灰、火山渣、飞石,海底或温泉外流的岩浆,陨石通过大气层时的分解物均可能成为泥沙颗粒。

描述单颗粒泥沙最基本特性的参数为粒径和矿物成分。

泥沙的形状多种多样,泥沙粒径大如蛮石,小至黏粒。工程界以泥沙粒径(d)大小将泥沙一般划分为黏土($d<4\ \mu m$)、淤泥($4\ \mu m \leqslant d < 63\ \mu m$)、沙($63\ \mu m \leqslant d < 2\ mm$)、砂砾($2\ mm \leqslant d < 4\ mm$)、卵石($4\ mm \leqslant d < 64\ mm$)、小圆石($64\ mm \leqslant d < 256\ mm$)和巨砾($d \geqslant 256\ mm$)。对于卵石以上($d \geqslant 4\ mm$)的泥沙,一般直接量测其在三个正交方向的直径,以求出的平均值作为其粒径。对于卵石以下至沙($63\ \mu m \leqslant d < 2\ mm$)范围的泥沙,常采用筛析法确定泥沙粒径,不过筛析法结果只能指出泥沙粒径介于上下两筛孔孔径(D_1、D_2)之间,而不知其绝对值。在此范围内的平均粒径,可以采用代数平均$[(D_1+D_2)/2]$,也可以采用几何平均$(\sqrt{D_1 D_2})$,也有采用$[(D_1+D_2+\sqrt{D_1 D_2})/3]$的。筛析法所提供的粒径,既不是泥沙的最大粒径,也不是最小粒径,而是介于这两者之间的中间粒径。自淤泥以下($d<63\ \mu m$)的泥沙粒径,可采用显微镜法或沉降法或光电颗粒分析仪测定,前者所测得的只是某一个投影面上的尺寸,沉降法则根据泥沙的沉速反求与该颗沙粒容重相同、沉速相等球体的直径(这一直径又称为沙粒的有效粒径或沉降粒径),光电颗粒分析仪依据浑匀沉降消光原理可测定颗粒群粒径分布。有效粒径不但和沙粒大小的绝对值有关,而且还包含了颗粒的形状及比重等因素;也有用同体积球体的直径来表示泥沙颗粒大小的,这样求出的粒径称为等容粒径。

泥沙源于由不同矿物成分组成岩石的风化,因此泥沙也由多种矿物组成[11]。泥沙最主要的矿物成分为石英(SiO_2)和长石(正长石,$KAlSi_3O_8$和斜长石,$NaAlSi_3O_8$、$CaAl_2Si_2O_8$),石英一般占 80% 左右,长石约占 5%～10%。其他矿物成分有辉石[透辉石 $CaMg(SiO_3)_2$、紫苏辉石 $(Mg,Fe)SiO_3$、斜辉石 $(Al,Fe)SiO_3$]、角闪石[透闪石 $Ca_2Mg_5Si_8O_{22}(OH)_2$、阳起石 $Ca_2(Mg,Fe)_5Si_8O_{22}(OH)_2$]、云母[白云母 $KAl_2(Si_5Al)O_{10}(OH)_2$、黑白云母 $K_2(Mg,Fe)_6(SiAl)_8O_{20}(OH)_4$]、高岭土[$Al_2Si_2O_5(OH)_4$]、橄榄石 $(MgFe)_2SiO_4$、氧化铁[赤铁矿 Fe_2O_3、褐铁矿 $2Fe_2O_3 \cdot 3H_2O$]和碳酸化物[方解石 $CaCO_3$、白云石 $CaMg(CO_3)_2$、菱铁矿 $FeCO_3$]等。由于石英和长石居于主导地位,所以泥沙的组成成分虽然复杂,但其容重一般都在 2 600～2 700 kg/m³。在泥沙研究中,通常将泥沙容重取值为 2 650 kg/m³。凡是粒径为 2 mm 以上的粗颗粒泥沙,所含的矿物质可能不止一种;而粒径为 2 mm 以下的相对细颗粒泥沙,则多半为单一矿质体。

天然泥沙很少是单独由淤泥或沙构成,即使是淤泥或沙,其粒径也总是会覆盖一个较为宽泛的范围,即意味着同一地点的泥沙粒径相差一至两个甚至三个数量级是常有的,同时不同粒径泥沙的含量也可能相差较大。大多数河口海湾泥沙是由包含砂、粉砂淤泥、黏土,甚至砂砾颗粒的混合物组成。泥沙其他的组成还包括有机颗粒和聚合物、油类和贝壳碎屑。

泥沙沉降和泥沙起动是泥沙运动力学研究中的两个最基本的问题。单颗粒泥沙在足够大静水中等速下沉时的速度称为泥沙沉速,也是描述泥沙水力特征的基本参数之一。泥沙起动则是指床面泥沙在流体力的作用下由静止转化为运动迁移状态,是对泥沙状态一种短暂物理变化的描述。描述泥沙起动的参数常采用临界剪切应力和起动流速或起动水深(波高),表征流体作用于泥沙产生的剪切应力刚好等于维持泥沙静止状态力的临界状态,而起动流速或起动水深(波高)实质上均是临界剪切应力的另一种间接表达形式。出于实用性考虑,起动流速最早主要由苏联学者冈恰洛夫(1962)和我国学者窦国仁(1960)、张瑞瑾(1961)、唐存本(1963)、沙玉清(1965)等提出,其理论依据是流速常与剪切应力场之间存在着一定关系。当流体作用于泥沙产生的剪切应力一旦大于临界剪切应力或流速大于相应起动流速,即认为泥沙就能够起动。

泥沙沉速主要取决于泥沙和水体的物理性质,泥沙物理性质主要包括粒径、形状和组成成分(决定泥沙颗粒容重),水体的物理性质为容重、温度和盐度。沙质泥沙颗粒较粗,颜色一般为浅黄色、黄色或金黄色,也有的为白色。其泥沙沉降主要受控于自身重力,泥沙粒径控制泥沙的可动性和输移性。对于细颗粒黏性泥沙(物质粒径小于 63 μm),由于泥沙之间的短距离力(分子吸引力和与邻近黏土颗粒之间静电力等)作用很强,其影响达到与泥沙自身重力相同量级而不可忽略,混合物的散体性质(如散体密度)决定泥沙行为方式。一般而言,小于 63 μm 细颗粒物质在总重量中的占比(或称含泥量)约大于 10% 的泥沙就会显示黏性泥沙性质。可以采用握紧一个湿沙样然后放开看一看,是散开(非黏性)还是黏在一起(黏性)。由于其粒径很细、黏土含量高,有时还含有有机物质,黏性泥沙一般颜色暗淡,或性状黏稠,甚至可能还有难闻的气味。泥沙起动实质上是泥沙受力的一种临界状态,其影响因素比较复杂,因此其状态的判定也较为困难。决定泥沙起动的因素大致可归纳为两类:一类是促使泥沙起动的因素,包括风、波浪、水流引起的流体剪切应力(含水流紊动应力),如果泥沙位于具有一定坡度的底床上,那么泥沙自身重力也会成为促使泥沙起动的因素;另一类是维持泥沙静止或抵抗泥沙运动的因素,包括泥沙自身重力、含泥量和泥沙在床面(结构中)的位置,对于黏性泥沙,还包括泥沙沉积时间、有机物含量等。因此,即使是在实验室单一的恒定水流条件下,由于水流具有脉动特性,加上不同粒径泥沙特性各异,对于泥沙起动状态的观察与判断会存在一定差异。实际上,随着科技进步和研究的深入,国内外学者对于泥沙起动影响因素的分析理解依然处在不断完善的过程之中。

在工程泥沙研究中,现场的风通常表现为风向飘忽不定、风速多变,波浪则波高及周期呈周期性变化、有时波浪还会基本停息或消失,而潮流涨落虽然呈现较强的规律性,但潮流的大小与方向也总是处于缓慢的变化之中。研究表明,波浪与潮流叠加所产生剪切应力的变化是非线性的。因此,由风、波浪、潮流引起的流体剪切应力是随时间而不断变化的。而同一个剪切应力值对于不同粒径泥沙所产生的作用可能相差很大。所以,在运动流体中,天然泥沙因粒径差异,泥沙的起动、输移和沉降现象常常可以同时并存;另一方面,对于某个特定粒径泥沙随着流体作用力的变化,又可能经历起动、输移和沉降等多个过程。这也是泥沙运动研究复杂的原因。

在工程泥沙研究方面,因其特性和作为特性结果的表现方式相当不同,历史上泥沙一直以来不是被作为淤泥就是被作为沙来对待。结果是非黏性泥沙有完备的泥沙输移公式,淤泥泥沙有一些公式,而对于真正的泥沙混合物现有的参数化却很少。在大多数书籍或研究中,对于混合泥沙的行为特性,通常是附带的和描述沙加入淤泥或淤泥加进沙之后的影响,但是仍然将其当做就是一种淤泥或一种沙来对待。

2) 泥沙运动特性

北疆发电厂工程区海域水体中与海床泥沙主要为黏土和黏土质粉沙,属于黏性泥沙。工程界和岩土力学采用多种不同的定义来表达黏性泥沙底床的散体性质[12]。其中一些定义概括于表 2-21 中,与其他一些常用参数的转换见表 2-22。不包括在表 2-22 中,但有时用于淤泥测定的另一个参数是相对湿度 M_R,定义为水的质量与固体颗粒质量之比,其与干密度 C_M 的关系为

$$M_R(\%) = \left(\frac{\rho}{C_M} - \frac{\rho}{\rho_s}\right) \times 100 \qquad (2-3)$$

给定 M_R 后,下列表达式可用以计算体积含沙量 C:

$$C = \left(1 + \frac{M_R \rho_s}{100\rho}\right)^{-1} \qquad (2-4)$$

式中　ρ——水的密度;

　　　ρ_s——泥沙颗粒密度。

表 2-21　淤泥底床和淤泥悬移质物的体积性质[12]

量	使　用	定　义	符　号
体积含沙量 填充密度 填充比	悬移质(理论) 底床(土力学) 底床(土力学)	$\dfrac{泥沙颗粒体积}{混合物体积}$	C
含沙量 干密度	悬移质(试验) 底床(黏性)	$\dfrac{颗粒质量}{混合物体积}$	C_M
孔隙率	底床(非黏性)	$\dfrac{水的体积}{混合物体积}$	ε
空隙比	底床(土力学)	$\dfrac{水的体积}{泥沙颗粒体积}$	V_R
悬移质密度 体积密度 湿密度	悬移质(流体力学) 底床(非黏性) 底床(黏性)	$\dfrac{混合物质量}{混合物体积}$	ρ_B
相对湿度 含水量	底床(黏性) 底床(土力学)	$\dfrac{水的质量}{泥沙颗粒质量} \times 100$	M_R
绝对湿度	底床(黏性)	$\dfrac{水的质量}{混合物质量} \times 100$	M_A

注:本书中淤泥"泥沙颗粒"等同于干淤泥,"水"等同于干淤泥中的水,"混合物"等同于湿淤泥。

其他含沙量测定可以使用在表 2-22 中公式导出。典型淤泥与水混合物的一些参数之间的关系图形地显示于图 2-32。该图可用于水沙混合物测定参数之间的近似转换。

表 2-22　水沙混合物测定之间的转换

物理量	C	C_M	ε	V_R	ρ_B
C	—	C_M/ρ_s	$1-\varepsilon$	$\dfrac{1}{1+V_R}$	$\dfrac{\rho_B-\rho}{\rho_s-\rho}$
C_M	$\rho_s C$	—	$\rho_s(1-\varepsilon)$	$\dfrac{\rho_s}{1+V_R}$	$\dfrac{\rho_s(\rho_B-\rho)}{\rho_s-\rho}$
ε	$1-C$	$1-C_M/\rho_s$	—	$\dfrac{V_R}{1+V_R}$	$\dfrac{\rho_s-\rho_B}{\rho_s-\rho}$
V_R	$\dfrac{1-C}{C}$	$\dfrac{\rho_s-C_M}{C_M}$	$\dfrac{\varepsilon}{1-\varepsilon}$	—	$\dfrac{\rho_s-\rho_B}{\rho_B-\rho}$
ρ_B	$\rho(1-C)+\rho_s C$	$\rho+C_M\left(\dfrac{\rho_s-\rho}{\rho_s}\right)$	$\rho\varepsilon+\rho_s(1-\varepsilon)$	$\dfrac{\rho V_R+\rho_s}{1+V_R}$	—

注：1. ρ 为水的密度（典型值：淡水为 1 000 kg/m³，海水为 1 027 kg/m³）。

　　2. ρ_s 为物质颗粒密度（石英典型值为 2 650 kg/m³，一般黏土矿物密度：高岭土为 2 600 kg/m³、伊利石为 2 660～2 720 kg/m³、绿泥石为 2 600～3 000 kg/m³、蒙脱石为 2 500～2 800 kg/m³）。

　　3. 符号意义见表 2-21。

　　4. 例如：从孔隙率转换至质量含沙量 $C_M=\rho_s(1-\varepsilon)$。

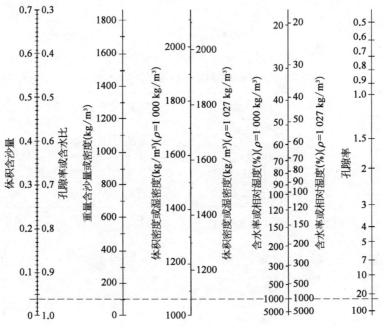

图 2-32　常用于泥沙底床测定量之间的转换[12]

在水体中黏性泥沙被认为以四种状态存在，连接这四种状态的过程概略地显示于图 2-33 中，可以描述为运动的悬浮泥沙，有时被作为浮泥而提及的近底高含沙量层、新淤或部分固结底床及已沉积或已固结的底床。

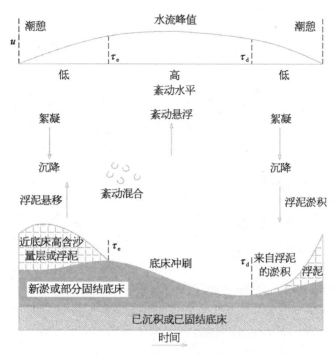

图 2-33 黏性泥沙的状态

在上述四个过程中,工程人员最感兴趣的是冲刷与输移、淤积和固结。冲刷是因床面之上水流紊(流)动剪切使泥沙从床面被移除;输移是悬移淤泥和高含沙层在床面或邻近床面随水流的运动(总体上一定慢于水流);淤积则包括穿越水体的沉降和沉降至床面上泥沙的絮凝;淤积物固结则是在泥沙自重和伴随的床面密度与强度随时间增加作用下泥沙中孔隙水排出的缓慢过程。

床面泥沙冲刷后,一部分泥沙悬移进入上部水体作为悬移质输移,其余的被冲起泥沙在邻近床面的一个薄层内以滚动和/或跳跃方式运动,即为推移质。被冲起的泥沙成为悬移质输移方式或推移质输移方式的占比取决于粒径和剪切应力。

罗伯茨(Roberts,1998)等的试验研究表明[13],泥沙临界冲刷应力强烈地取决于泥沙粒径,随着粒径 d 减小,泥沙临界冲刷应力首先减小,大约在 $200\ \mu m$ 附近达到最小值,然后开始增大(图 2-34)。对于细颗粒泥沙,临界冲刷应力也强烈地取决于泥沙的散体密度,随着泥沙粒径减小临界冲刷应力增大,同时随着散体密度减小,临界冲刷应力的最小值也变得更小。从图 2-34 直观可见,粒径为 $10\sim200\ \mu m$ 泥沙临界冲刷应力为 $0.1\sim0.4\ N/m^2$,其平均值约为 $0.25\ N/m^2$。

通过理论分析结合罗伯茨等的试验研究结果[13],维博特·里克(Wibert Lick)导出了计算泥沙临界冲刷应力公式如下:

$$\tau_c = \left(1 + \frac{ae^{bp}}{d^2}\right)\tau_{cn} \qquad (2-5)$$

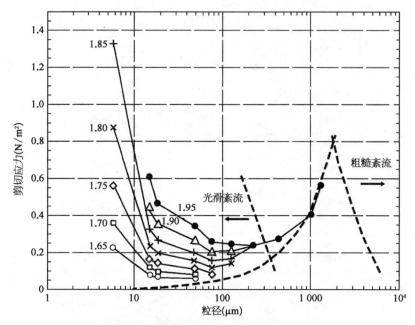

图2-34　石英砂临界剪切应力与粒径和散体密度(g/cm³)的函数关系[13]

式中，$a = 8.5 \times 10^{-16}$ m²；$b = 9.07$ cm³/g；d 为泥沙粒径(m)；τ_c 的单位为 N/m²。这里是非黏性泥沙颗粒起动临界剪切应力。这个常量是根据试验和考虑了紊流波动和泥沙颗粒相对突出度(Grass，1970；Fenton 和 Abbott，1977；Chin 和 Chiew，1992)更为精细的理论分析而确定的；这些研究推荐了一个近似值 0.414×10^3 N/m³。帕菲蒂斯(Paphitis，2001)汇编了非黏性泥沙颗粒起动方面更加新近的资料，并建议对于 $d > 1$ mm，$\tau_{cn} = 1.11 \times 10^3 d^{1.14}$。以希尔兹临界值为基础，尤(You，2000)建议对于 $d > 2$ mm，$\tau_{cn} = 0.89 \times 10^3 d$。对于 $400\,\mu m < d < 1000\,\mu m$，水流处于从粗糙紊流到光滑紊流的过渡中，因此 τ_{cn} 依赖于 d 的一个线性关系并不充分。必须指出，如罗伯兹等在所有泥沙水槽试验中的定义，τ_c 是以一个临界冲刷率为基础，与以上公式中(以起动为基础)有所差异，所以严格的对比也许会很困难。不过，除了假定完全相同的沙和小于试验中观测误差，在 τ_c 定义中差异可能小于不同冲刷率的差异。为了确定过度区域 τ_{cn} 对 d 的依赖关系，还需要做额外的工作。在现在的分析中，重点是关于 $d < 200\,\mu m$ 的细颗粒泥沙。τ_{cn} 与粗颗粒、无黏性泥沙 d 之间特定的依赖关系，将改变以上方程中的常数和与 d 可能的依赖程度，但不会改变本书叙述的细颗粒、黏性石英泥沙颗粒 τ_{cn}(其取决于粒径大小、密度或矿物成分)的函数作用方式。对于 ρ 的特定值，理论值与试验数据总体上相符很好。从细颗粒、黏性到粗颗粒非黏性范围的石英颗粒，该公式均一致有效。

对于沙质(非黏性)泥沙，无论在其冲刷、输移、沉降和淤积的过程中，大多以单颗粒模式进行。由于其沉速较大，泥沙对流体动力变化的响应也更为迅速。水动力一旦减弱，泥沙易于趋向推移质输移或沉降淤积，淤积后固结时间非常短或基本无固结过程(形象的波浪条件下天然沙运动特性如图 2-35 所示）。因此，在沙质海岸近岸水下往往形成走向与海岸基本平行的沙波、沙丘或沙坝和深槽，而且这些沙波或沙坝和深槽地形形态的季节性变化也较为明显。

(a) 波浪水槽

(b) 底部高含沙层随波浪前后摆动

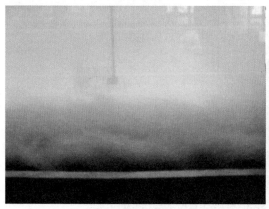

(c) 少量细沙悬移进入上层水体

(d) 波浪停息数分钟后水体中泥沙即基本沉降落淤

图 2-35　天然沙波浪条件下运动特性实验室水槽试验

（中值粒径为 0.061 mm、水深为 40 cm、波浪周期为 1.0 s）

对于细颗粒泥沙，除了受重力作用，通常还受到泥沙颗粒之间黏性力作用。细颗粒泥沙冲刷时既有以单颗粒形式，也有以泥沙颗粒小团或块状形式。单颗粒泥沙常常以悬移质方式运动，聚集的泥沙团块则趋近床面随水流运动，但在床面附近的大切应力边界层内通常似乎碎裂成小颗粒，然后这些碎裂的颗粒以悬移质运动。这一冲刷后分解过程还未得到定量的了解。不管怎样，细颗粒泥沙一旦被冲刷多半以多颗粒集聚的悬移质方式输移。因其沉速通常较小，在泥沙再次落淤之前会被输移很长的距离。因此，一般可以假设约小于 200 μm 的细颗粒泥沙全部以悬移质方式输移。当遭遇沉降落淤的水动力环境，黏性泥沙往往产生絮凝并在一定条件下实际沉速显著增大。而在其淤积到底床后如果不再受到明显扰动，黏性泥沙将在床面开始固结，泥沙散体密度在固结过程中一般随时间延长而增大。总之,黏性泥沙对流体动力变化的响应是较为缓慢的。

泥沙颗粒絮凝是当泥沙被带进相互接触颗粒相粘在一起的结果。碰撞和黏结是絮凝的重要过程(Krone,1962)。因此,絮状物的尺度和沉速与其组成的单颗粒泥沙相比大得多,图 2-36 中曲线反映了絮凝泥沙沉速与化学方式分散的离散颗粒泥沙沉速之比(Migniot,1968)。对于粒径 0.1 μm 的泥沙,沉速比为 10^4 量级。对于粒径 60 μm 几乎不絮凝的泥沙,沉速比为 1。然而,实际上所有河口或海湾中的泥沙和悬移絮状物其组成颗粒的粒径分布都有一定的范围,并不存在一个简单的沉速比值。

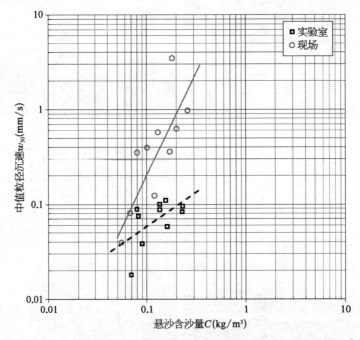

图 2-36 点绘为悬沙含沙量函数的实验室与现场(欧文管)中值粒径沉速比较[12]

絮凝物最大的尺寸取决于:离散颗粒大小、悬沙含沙量、矿物成分、有机物含量、淤泥的 pH 与离子强度、孔隙水与悬移水的化合物,以及诸如水温、盐度、流速与紊流结构、内部切应力和床面剪切应力等水动力学参数。

研究表明[12-13],泥沙沉速取决于悬移物质特性和周围水体的性质。黏性泥沙的中值沉速强烈地依赖于悬移质含沙量,中值沉速 w_{50} 随着悬沙含沙量 C_M 升高而增大,其关系可用如下的经验公式近似[12],该公式对于干质量含沙量 2~4 kg/m³ 有效。

$$w_{50} = kC_M^m \tag{2-6}$$

式中 k 和 m——有尺度系数。

对于不同的港湾 k 和 m 有显著变化。概括来自 HR 沃灵福德所做 8 个河口港湾的欧文管试验结果图形化显示于图 2-37,虚线通过数据中间可采用国际单位制表达为

$$w_{50} = 0.001C_M^{1.0} \tag{2-7}$$

因此,如果 w_{50} 采用单位 m/s,则 C_M 为 kg/m³,那么系数的缺省值为 $k=0.001$ 和 $m=1.0$。从图 2-37 中可见,围绕那条虚线有大约 3 个数量级的变化。

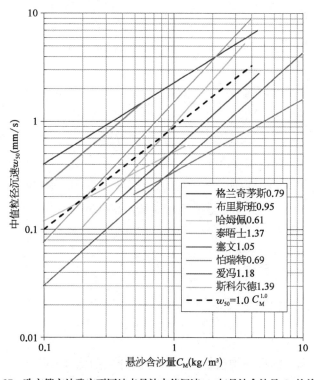

图 2-37 欧文管方法确定不同地点悬沙中值沉速 w_{50} 与悬沙含沙量 C_M 的关系[12]

归因于潮流流速、水深和波浪随时间变化,在以潮流为主要流体动力环境条件下,随着潮流循环涨落,潮流与波浪在海床上产生剪切应力(大小和方向)也是循环变化的。在涨急和落急时,段剪切应力较大;而在平潮期,剪切应力很小,甚至接近于零。在平潮期,总会有泥沙能够从水体中沉降出来并淤积到床面。对于黏性泥沙底床淤积临界剪切应力 τ_d,实验室测验结果[13]为 0.06~0.10 N/m²。典型 τ_d 值大约为底床临界冲刷剪切应力 τ_c 值的一半,但它并不直接与 τ_c 相关。

在计算床面剪切应力中,假设潮汐涨落过程中潮流流速垂向分布符合流速对数分布(在非密度分层流或非异重流中一般成立),即流速与水深之间的函数关系为

$$U(z) = \frac{u_*}{\kappa} \ln\left(\frac{z}{z_0}\right) \tag{2-8}$$

式中 u_*——摩阻流速;

z_0——底床粗糙长度;

κ——冯·卡门常数,取 0.40。

床面剪切应力 τ_0 可从摩阻流速 u_* 通过如下关系式得到

$$\tau_0 = \rho u_*^2 \qquad (2-9)$$

式中　ρ——水的密度。

对于淤泥河口通常所见的流体动力学光滑水流,床面粗糙长度仅仅取决于 u_* 和水的运动黏滞系数 ν,根据其关系:

$$z_0 = \nu/(9u_*) \qquad (2-10)$$

将式(2-10)代入式(2-8)并整理,给出引述于光滑水流的一个通常的对数流速分布形式如下:

$$\frac{U(z)}{u_*} = 5.5 + 2.5\ln\left(\frac{u_* z}{\nu}\right) \qquad (2-11)$$

如果底床上糙度单元明显,那么水流也许是流体动力学上的粗糙水流或过渡水流,就必须采用更为复杂的 z_0 表达式,如克里斯托佛森和琼森(Christofferson 和 Jonsson,1985)的公式:

$$z_0 = \frac{k_s}{30}\left[1 - \exp\left(\frac{-u_* k_s}{27\nu}\right)\right] + \nu/(9u_*) \qquad (2-12)$$

式中　k_s——尼古拉兹糙度,由下式给出

$$k_s = 2.5 d_{50} \qquad (2-13)$$

如果糙率由粗颗粒的平均中值粒径 d_{50} 引起,舒尔斯比(Soulsby,1997)也给出了一些替代的表达式。对于如软体虫排泄或纤细的排水槽的其他种类糙率,作为一种近似,k_s 可以设置为突出的高度。

式(2-8)、式(2-11)和式(2-12)是隐式的公式,由于 u_* 以 U 来表示的,这些公式不能被直接解出。因此,如果 $U(z)$ 已知,需要一个试算程序,就可以计算出 u_*。

在很多情形中,要求或会提供水深平均的潮流流速 $\bar{U}$,通过下面的定义这与流速剖面分布相关联:

$$\bar{U} = \frac{1}{h}\int_0^h \bar{U}(z)\mathrm{d}z \qquad (2-14)$$

式中　$\bar{U}$——水深平均潮流速度;

　　h——水深;

　$\bar{U}(z)$——高度 z 处的潮流流速;

　　z——海床之上的高度。

如果流速分布在高度 $z = z_0$ 处(如对于一个对数流速分布)并延伸到流速为 0 处,那么上式中积分的下限就从 0 改变为 z_0。

将关于 $\bar{U}(z)$ 的式(2-8)代入式(2-14)中,给出水深平均水流流速与摩阻流速之间的下列关系:

$$\overline{U} = \frac{u_*}{\kappa} \left[\ln\left(\frac{h}{z_0}\right) - 1 \right] \qquad (2-15)$$

这是以式(2-8)假设在整个水深上均成立为基础,通常并不总是如此,但是不管怎样,式(2-15)被广泛使用。

关于确定水流是否光滑区、过渡区或粗糙区取决于颗粒雷诺数 $u_* k_s / \nu$:

$u_* k_s / \nu \leqslant 5$ 光滑区

$5 < u_* k_s / \nu < 70$ 过渡区

$u_* k_s / \nu \geqslant 70$ 粗糙区

采用上述计算公式与方法,北疆发电厂工程区海域实测潮汐产生床面剪切应力变化过程如图 2-38 所示。床面剪切应力变化的基本规律是,涨急和落急时段床面剪切应力最

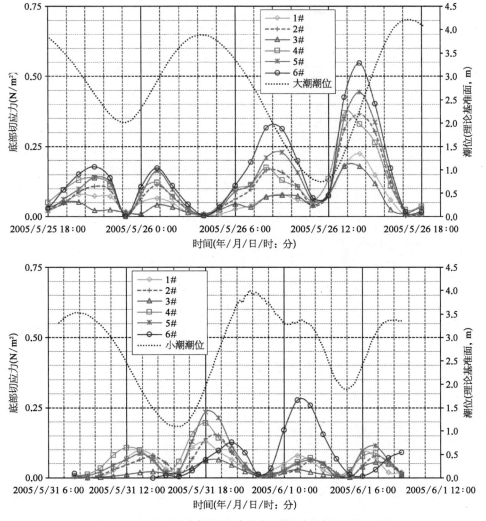

图 2-38 工程区海域实测潮汐产生床面剪切应力变化过程示意图

大、潮憩时段小至接近于零。参照前文黏性泥沙冲刷临界剪切应力平均值约为 $0.25\,N/m^2$，淤积临界剪切应力约为 $0.08\,N/m^2$（取 $0.06\sim0.10\,N/m^2$ 的平均值）。可以看出，在大潮大涨涨急时段，2#和4#～6#四个测点海床会发生冲刷，大落落急时段仅 6# 测点海床冲刷；1#与 3#两个测点（0 m 等深线附近）除大潮大涨急时段外，其余时间均为泥沙淤积环境。而在小潮过程中，1#～3#测点全程均为淤积环境，小潮大涨期间 4#～6#测点处仅可能出现轻微冲刷，其他时段也处在接近于淤积的环境。因此，在平常风浪条件下，工程区海域近岸 0 m 等深线附近以里总体上为泥沙淤积环境。

第 3 章

淤泥质海岸电厂全天候
取水工程初步方案

天津北疆发电厂取水工程的方案研究经历了沉淀池引潮沟方案、两级沉淀池方案和两级沉淀池方案与海挡外移相结合三个阶段,取水工程方案论证过程体现了工程决策尊重科学和及时顺应社会发展需求。本章主要介绍取水工程沉淀池引潮沟方案,即第一阶段初步方案。

3.1 取水工程概况

天津北疆发电厂位于天津滨海新区东北部(原天津市汉沽区境内)大神堂,是国家首批循环经济试点项目,也是天津市首批二十项重大工业项目之一,由国家开发投资公司与天津市政府合作建设,建设单位为天津国投津能发电有限公司。电厂规划三期建设 4×1 000 MW 超燃煤发电超超临界机组和每日 40 万 t 海水淡化工程,一期工程 2×1 000 MW 发电机组和每日 20 万 t 海水淡化装置,总投资约 123 亿元。

电厂采用带自然通风冷却塔的二次循环系统。电厂取水包含两部分,即电厂冷却用水和海水淡化用水。设计单位最初提出电厂取水以开挖引潮沟半潮取水为主要方案。

3.2 取水工程设计条件与设计目标

3.2.1 取水工程设计条件

1) 设计潮型

北京国电华北电力工程有限公司(以下简称"设计单位")根据塘沽海洋站 1960—2000 年实测高、低潮位资料,经统计分析计算,确定该站不同重现期潮位(表 3 - 1)。根据北疆发电厂取水工程设计要求,设计单位挑选了 1990 年 7 月 25—26 日和 12 月 1—2 日实测潮位过程分别作为频率 1‰ 典型潮位过程和频率 97‰ 低潮位典型潮位过程,如图 3 - 1 所示。

表 3 - 1 塘沽海洋站不同重现期设计潮位

重 现 期	设计潮位(m)	设计潮位(m)	设计潮位(m)
1 000 年一遇高潮位	6.65	97‰最低潮位	−1.00
100 年一遇高潮位	6.16	99‰最低潮位	−1.17
50 年一遇高潮位	5.99	—	—

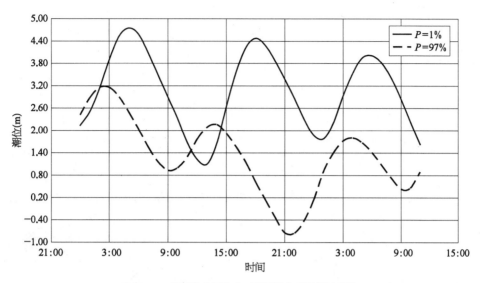

图 3-1 北疆发电厂取水工程设计典型潮位过程线

2) 设计潮型与不同累积频率潮型评估分析

依据塘沽海洋站 1981—2000 年 20 年潮位资料,南京水利科学研究院统计分析了对应不同累计频率的特征潮位值(表 3-2)。分别选择累计频率为 10%、50% 和 97% 的分析潮型作为大潮潮型、中潮潮型和取水不利的低潮潮型,相应的分析潮型(位)过程如图 3-2~图 3-4 和表 3-3。图表同时给出了对应累计频率实测潮位过程和设计提出的 97% 设计潮型。

表 3-2 塘沽海洋站 1981—2000 年不同累计频率特征潮位值　　　　　　(单位:m)

累计频率	高高潮	高低潮	低高潮	低低潮
1%	4.62	2.80	4.30	1.86
3%	4.47	2.63	4.20	1.70
5%	4.40	2.54	4.14	1.63
10%	4.31	2.40	4.04	1.51
25%	4.13	2.17	3.86	1.31
35%	4.03	2.05	3.78	1.21
50%	3.90	1.87	3.66	1.08
60%	3.81	1.75	3.56	0.99
75%	3.66	1.56	3.38	0.82
97%	3.10	0.98	2.72	0.22
98%	3.00	0.87	2.61	0.11
99%	2.83	0.73	2.39	−0.06
100%	1.67	0.01	0.19	−0.82

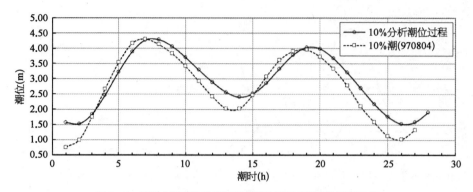

图3-2 10%分析潮位过程与相应累计频率实际潮位过程比较

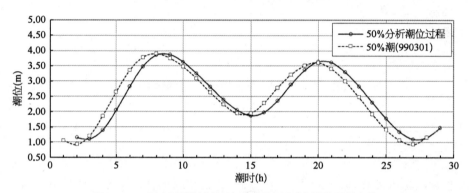

图3-3 50%分析潮位过程与相应累计频率实际潮位过程比较

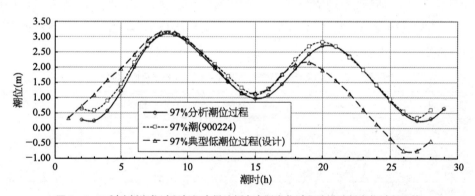

图3-4 97%分析潮位过程与相应累计频率实际潮位过程及设计低潮位过程比较

表3-3 塘沽海洋站1981—2000年累计频率10%、50%和97%分析潮型和典型实测潮位过程 （单位：m）

潮时	10%分析	10%潮 (970804)	50%分析	50% (990301)	97%分析	97% (设计)	97% (900224)
1	1.57	0.76				0.33	
2	1.53	1.00	1.15	1.05	0.28	0.72	0.64
3	1.84	1.76	1.10	0.92	0.25	1.10	0.58
4	2.47	2.67	1.40	1.20	0.57	1.58	0.90
5	3.23	3.54	2.05	1.86	1.22	1.96	1.44

（续表）

潮时	10%分析	10%潮（970804）	50%分析	50%（990301）	97%分析	97%（设计）	97%（900224）
6	3.90	4.17	2.82	2.64	2.01	2.42	2.16
7	4.27	4.31	3.48	3.35	2.69	2.88	2.73
8	4.29	4.13	3.86	3.78	3.06	3.15	3.10
9	4.06	3.83	3.87	3.90	3.06	3.15	3.10
10	3.71	3.42	3.63	3.75	2.81	2.90	2.85
11	3.30	2.92	3.25	3.47	2.41	2.49	2.50
12	2.89	2.42	2.81	3.09	1.96	2.04	2.10
13	2.57	2.03	2.38	2.63	1.52	1.55	1.70
14	2.40	2.02	2.05	2.23	1.16	1.16	1.32
15	2.51	2.47	1.87	1.94	0.98	1.16	1.11
16	2.86	3.07	1.98	1.95	1.08	1.29	1.29
17	3.34	3.62	2.36	2.28	1.45	1.77	1.74
18	3.79	3.91	2.89	2.78	1.96	2.09	2.26
19	4.03	3.95	3.37	3.21	2.43	2.16	2.69
20	3.99	3.73	3.64	3.51	2.70	1.92	2.83
21	3.68	3.33	3.61	3.60	2.67	1.56	2.68
22	3.21	2.78	3.29	3.40	2.37	1.13	2.33
23	2.69	2.10	2.83	2.99	1.91	0.61	1.91
24	2.18	1.59	2.30	2.47	1.39	0.14	1.42
25	1.77	1.13	1.77	1.92	0.89	−0.33	0.94
26	1.53	1.02	1.34	1.41	0.47	−0.75	0.54
27	1.58	1.33	1.10	1.07	0.24	−0.74	0.34
28	1.91		1.15	0.92	0.30	−0.42	0.60
29			1.48	1.16	0.64		

　　分析表明，设计确定的97%典型低潮位过程的高高潮位与分析所得97%典型低潮位过程相当，而低高潮（低约0.60 m）和低低潮潮位（低0.99 m）相比更低。因此，取水过程10%（代表大潮潮型）和50%设计典型潮型（代表中潮潮型）建议采用分析潮型对应的典型潮位过程，而97%典型低潮位过程仍采用设计潮型。这三个典型潮位过程全潮平均潮位（以下简称"平均潮位"）依次为2.80 m、2.61 m和1.64 m，潮型中对应潮位不低于2 m的潮位平均（以下简称"高潮位平均"）依次为3.22 m、3.18 m和2.61 m。

3.2.2　取水工程设计目标

1）取水流量及保证率

设计取水流量为：2×1 000 MW机组⋯⋯⋯⋯⋯⋯⋯⋯量为10.5 m³/s（即每日水量90.72×

10^4 m³),4×1 000 MW机组运行连续补水水流量为 21 m³/s(即每日水量 $181.44×10^4$ m³)。

取水保证率:在电厂取水以开挖引潮沟半潮取水为主要方案条件下,最低取水水位要求满足在频率 97%低潮位典型潮型过程中有 50%以上时间能够取水,且取水量符合设计要求。

2) 取水水质

根据国家标准《火力发电机组及蒸汽动力设备水汽质量标准》(GB 12145—1999),现已有国家标准《工业循环冷却水处理设计规范》(GB 50050—2017),火力发电厂循环冷却水水质标准见表 3-4。根据海水水质国家标准,海水淡化取水水质要求达到第一类标准,对于海水中悬浮物质、漂浮物质、大肠菌群、汞镉铅等重金属及有机氮、无机磷等含量指标执行相关规定。

表 3-4 闭式系统循环冷却水水质指标(规范 GB 50050—2017 中表 3.1.8)

适用对象	水质衔标		
	项　目	许 用 值	
钢铁厂闭式系统	总硬度(以 CaO₃计,mg/L)	≤20.0	
	总铁(mg/L)	≤2.0	
火力发电厂发电机铜导线内冷水系统	电导率(25℃)(μS/cm)	≤2.0	
	pH(25℃)	7.0~9.0	
	含铜量(μg/L)	≤20.0	
	溶解氧(μg/L)	≤30.0	
其他各行业闭式系统	总铁(mg/L)	≤2.0	

注:1. 火力发电厂双水内冷机组共用循环系统和转子独立冷却水系统的电导率不应大于 5.0 μS/cm(25℃)。
　　2. 双水内冷机组内冷却水含铜量不应大于 40.0 μg/L。
　　3. 仅对 pH<8.0 时进行控制。
　　4. 钢铁厂闭式系统的补充水宜为软化水,其余两系统宜为除盐水。

对于北疆发电厂电厂冷却水和海水淡化水质要求,本书以下所述水质不涉及水体中可溶性物质或有机生物含量指标,仅指单位体积水体中的泥沙重量,即水体含沙量。设计单位提出进入补充水泵的水质要求是:含沙量≤0.05 kg/m³。

3.3 取水工程沉淀池引潮沟方案

沉淀池引潮沟方案是设计单位最初提出的取水工程设计方案,共有引潮沟方案 1(简称"方案 1")和引潮沟方案 2(简称"方案 2")两个设计方案。在方案论证过程中,以方案 2为基础,从提高海挡外沉淀调节池沉沙功能和降低取水口含沙量角度,研究单位提出了方案 2-1、方案 2-2 和方案 2-3 三个试验研究布置方案。

3.3.1　取水工程平面布置

1）方案 1

采用引潮沟半潮取水，沉淀调节池建在厂址边。其主要取水构筑物为一条引潮沟、两条挡沙堤、一个海水提升泵房和一个厂址边沉淀调节池，布置在电厂厂址东南侧，如图 3 - 5 所示。

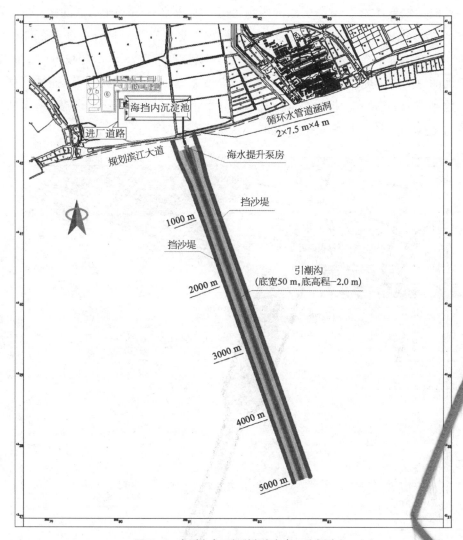

图 3 - 5　电厂取水工程引潮沟方案 1 示意图

海挡外引潮沟长 6 885 m（引潮沟里程为 0.135—7.02 km。注：取水泵前池的尾端即为引潮沟里程起点，下同）、底宽 50 m、开挖底标高 -2.0 m、边坡 1∶5；引潮沟两侧建挡沙堤，挡沙堤堤顶中心线间距 226 m，堤顶宽度 4 m，挡沙堤堤头离岸距离为 7 103 m；里程 0—0.130 km 为提水泵前池，池底高程 -8.0 m，池底宽 60 m，池边坡 1∶6。厂址边沉淀调节池尺寸为 250 m×850 m，深 7 m（相对于自然地面），有效水深 5 m。

2) 方案 2

采用引潮沟半潮取水,在厂址边和海挡外各建一个沉淀调节池。其主要取水构筑物为一条引潮沟、两条挡沙堤、一个海水提升泵房和两个沉淀调节池(厂址边和海挡外各建一个)。

本方案在方案 1 基础上增加一座海挡外沉淀调节池,建于引潮沟与海水提升泵房之间,取水构筑物布置在电厂厂址南侧。引潮沟长 5 285 m(引潮沟里程为 1.856—7.02 km),引潮沟其他参数与方案 1 相同;引潮沟两侧建挡沙堤,挡沙堤堤顶中心线间距 226 m,堤顶宽度 4 m;挡沙堤堤头离岸距离为 7 100 m;引潮沟水直接进入海挡外沉沙调节池,该调节池长 1 500 m(里程为 0.135—1.635 km)、宽 200 m、池底标高—5.5 m、边坡 1∶9;海挡外沉淀调节池两侧防护堤堤顶中心线间距 226 m,堤顶宽度 4 m,防护堤与引潮沟挡沙堤连接处离岸距离约为 2 190 m。提水泵前池长 72 m(里程为 0—0.072 km)、底宽 60 m、底高程—11.0 m、边坡 1∶10。方案 2 示意如图 3-6 所示。

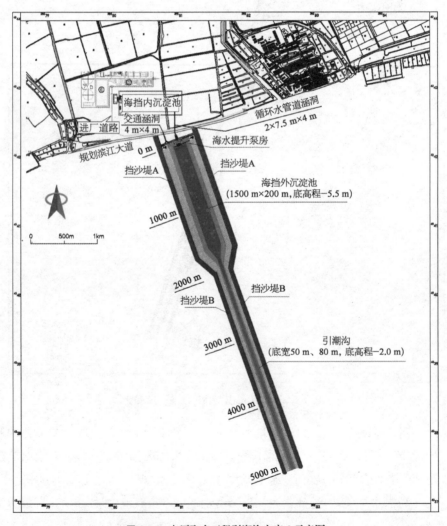

图 3-6 电厂取水工程引潮沟方案 2 示意图

3）方案 2-1、方案 2-2 和方案 2-3

采用引潮沟半潮取水，在厂址边和海挡外各建一个沉淀调节池。其主要取水构筑物平面布局与方案 2 基本相同，差别在于海挡外沉淀调节池加长、沉淀池外段加深，引潮沟口门位置不变，其长度因海挡外沉淀调节池加长而相应缩短，引潮沟底宽由 50 m 拓宽到 80 m，如图 3-7 所示。

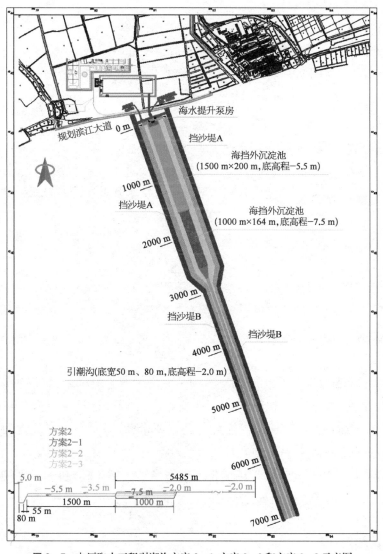

图 3-7 电厂取水工程引潮沟方案 2-1、方案 2-2 和方案 2-3 示意图

方案 2-1 海挡外沉淀调节池长 1 500 m（底标高 -5.5 m）+1 000 m（底标高 -7.5 m）；方案 2-2 外沉淀池长 2 500 m（底标高 -3.5 m）；方案 2-3 外沉淀池长 2 500 m（底标高 -5.5 m）。上述三种沉淀池布置所对应的引潮沟底宽均为 80 m、底高程为 -2 m、挡沙堤长度为 5 km、挡沙堤堤间距为 276.2 m。

为了试验研究分析比较,以方案2为基础,还增加了不同引潮沟底宽(80 m和110 m)及挡沙堤堤间距[276.2 m和306.2 m,注:挡沙堤堤间距(B)246.2 m与引潮沟底宽50 m及引潮沟两侧滩地各宽50 m相适应]、挡沙堤长度分别为5 km和6 km的布置方案。

3.3.2　取水工程工艺流程

1) 方案1

方案1工艺流程为:

渤海湾→引潮沟→海水提升泵→压力供水管道→穿越海挡→压力供水管道→沉淀调节池→补充水泵→压力供水管道→冷却塔水池和海水淡化处理构筑物

2) 方案2

方案2工艺流程为:

渤海湾→引潮沟→海挡外沉淀调节池→海水提升泵→压力供水管道→穿越海挡→压力供水管道→厂址边淀沉调节池→补充水泵→压力供水管道→冷却塔水池和海水淡化处理构筑物

3) 方案2-1、方案2-2和方案2-3

方案2-1、方案2-2和方案2-3的工艺流程均与方案2相同。

3.4　取水工程初步方案

在电厂取水工程初步方案研究论证中,为了准确把握和解决关键技术问题,获得科学和可靠的论证结论,在掌握工程区自然条件基础上,需要根据工程建(构)筑物布置、建(构)筑物结构与功能具体特点、研究内容与技术要求,针对研究论证关键问题的不同方面,采用多种技术途径,发挥其各自特长、相互支撑印证。随着研究的深入,对不同技术手段的倚重也应有所选择。本阶段采用的技术手段主要为数学模型计算、系列物理模型试验和综合分析,以下概要介绍相关技术手段及其论证结论。

3.4.1　数学模型计算

3.4.1.1　模型简介

1) 平面二维波浪数学模型

为了确定电厂取水工程挡沙堤设计波浪要素、在波浪与潮流综合作用下工程区海域含沙量的分布规律,掌握研究区海域在一定入射波条件下的波浪场变化,需要进行波浪浅水变形数学模型计算。采用南京水利科学研究院改进的高阶抛物型缓坡方程,考虑了底摩擦导致的波能损耗、风能输入导致的波高增长和波浪非线性的影响,建立了北疆发电厂取水工程平面二维波浪数学模型,计算范围如图 3-8 所示,相关原理与实现过程详见参考文献[10]。该模型适用于大范围波浪折射、绕射的联合计算,其计算效率高,计算结果合理可靠。该模型已成功应用于"长江口深水航道整治工程""宝港马迹山矿石中转港""上海洋山深水港工程""连云港核电站""福建 LNG 站线项目""广东阳西电厂""京唐港水域波浪场计算"等二十多项大型海岸工程。

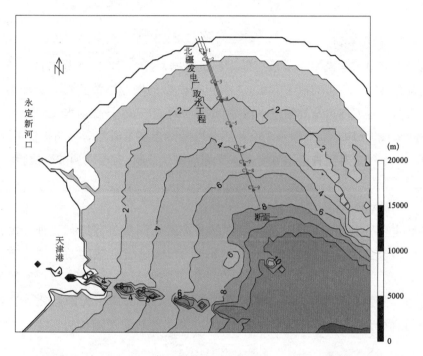

图 3-8　电厂取水工程平面二维波浪数学模型及波浪场计算断面示意图

2）平面二维波浪潮流悬沙数学模型

针对渤海海域地形特点和取水工程的尺度要求,建立了平面二维波流悬沙数学模型,要求模型具备复演工程区海域潮汐潮流特性、泥沙运动运动特性和预测海床冲淤变化的功能。采用环渤海-渤海湾-电厂工程水域三层(或称三级)嵌套模型,即第一层模型(简称"大模型")涵盖整个渤海和北黄海部分海域,控制计算域达 202 500 km²,模型网格步长 $\Delta S_1 = 5\,000$ m;第二层模型(简称"中模型")为渤海湾模型,计算域南北向长 135 km,东西向长 105 km,网格步长 $\Delta S_2 = 500$ m;第三层模型(简称"小模型")为工程区模型,计算域南北长 30 km,东西长 40 km,网格步长 $\Delta S_3 = 50$ m,将取水工程置于模型中部。表 3-5 给出了三级嵌套模型的基本尺度。三级嵌套模型地形采用相应比尺的海图和水深地形图进行概化。所采用的基本方程、计算方法、边界条件和参数选择等技术处理细节及模型嵌套的必要性,详见参考文献[10]。

表 3-5　三级嵌套模型基本控制尺度

模型尺度	大模型	中模型	小模型
1. 模拟区域	整个渤海	渤海湾海域	永定河口以北海域
2. 空间步长	5 000 m	500 m	50 m
3. 剖分网格	90×90	210×270	800×600
4. 时间步长	300 s	120 s	20 s

3.4.1.2　模型验证

平面二维波浪数学模型一般没有模型验证这一环节。因此,本节内容是关于平面二维波浪潮流悬沙数学模型的模型验证,主要包括模型的潮位潮流特性和泥沙运动特性验证。验证依据永定新河口及其附近水域 2000 年 7 月 19—20 日现场水文观测资料,包括 8 条测流测沙垂线、天津新港验潮站潮位及环渤海沿岸十多个海洋观测站提供的预报潮位。同时,采用 2005 年 5 月大神堂海域专题水文泥沙测量资料,对小模型加以检验。

1) 大、中模型潮位潮流特性验证

大模型主要针对环渤海周边 8 个海洋站对应站点潮汐过程进行验证。大模型所复演的渤海海域涨急落急流场如图 3-9(a)(b)所示,中模型复演的渤海湾海域涨急落急流场如图 3-9(c)(d)。从各站潮位过程和峰值形态验证结果分析,模型所复演的渤海潮汐变化与实际情况是基本一致,渤海潮波变形所形成的两个无潮点之一在模型中被模拟出来,我们所关心的研究区潮汐变化,通过天津港站模型潮位与实测结果吻合良好得到确定。

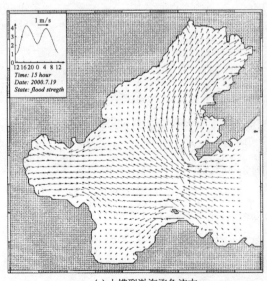
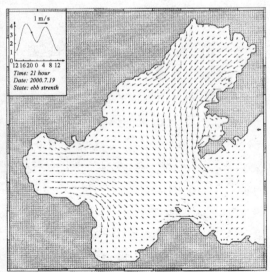

(a) 大模型渤海涨急流态　　　　　　　　　　(b) 大模型渤海落急流态

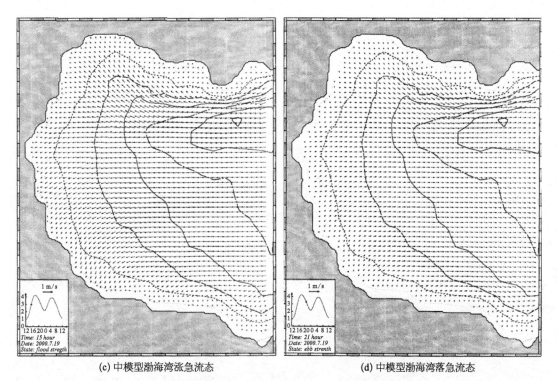

(c) 中模型渤海湾涨急流态　　　　　　　　(d) 中模型渤海湾落急流态

图 3-9　大模型、中模型模拟的渤海与渤海湾海域潮流流态

　　从图 3-9 可见,渤海湾中潮流北部强于南部,东部大于西部,涨潮大于落潮,潮流旋转性明显。中模型是大模型与小模型之间的桥梁,通过中模型中若干采样点与大模型对应点流速、流向和潮位过程比较来检验两模型是否相容。结果表明,大模型与中模型的潮流变化幅度和过程形态是基本一致的。

　　2) 小模型水沙运动特性验证

　　采用中模型所提供的水流控制条件对小模型潮流场和悬沙分布进行了模拟计算。与实测水沙资料对比表明,小模型大部分垂线流速过程的计算值与实测值吻合较好,流向也趋于一致;含沙量计算值总体变化趋势与实测资料相似。在此基础上,通过与 2005 年 5 月现场实测潮流资料对比分析,进一步检验小模型复演工程海域潮流运动的能力。

　　工程海域 6 条垂线大潮实测潮流矢量分布[图 3-10(a)]与对应点位模型模拟的潮流矢量分布[图 3-10(b)]对比可见,各测点涨、落潮主流向及流矢量分布形态具有很好的相似性。小模型复演的涨、落潮平面流场和不同潮时含沙量分布分别如图 3-11 和图 3-12所示。从这些图中可以看到,工程海域涨、落潮流主流向基本呈北西—南东方向,深水区流强、近岸区流弱,永定新河口水域落潮流速明显大一些,湾顶浅滩水域潮流普遍较小;永定新河口拦门沙区、湾顶浅滩水域含沙量大,天津新港及其外航道水域悬沙浓度相对较低。计算海区水体涨潮期含沙量普遍大于落潮期。

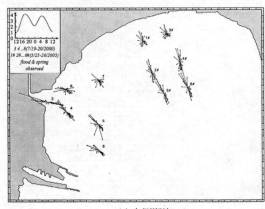 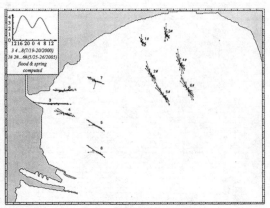

(a) 实测潮流　　　　　　　　　　　　　　　　(b) 小模型模拟的潮流

图 3-10　渤海湾湾顶海域潮流矢量分布对比

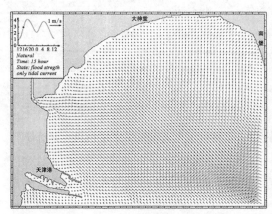 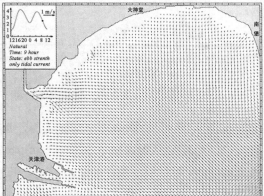

(a) 涨急流态　　　　　　　　　　　　　　　　(b) 落急流态

图 3-11　小模型模拟的工程海域潮流流态

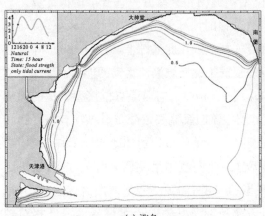 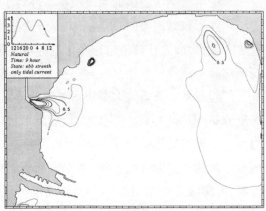

(a) 涨急　　　　　　　　　　　　　　　　　　(b) 落急

图 3-12　小模型模拟的工程海域含沙量分布

3) 小模型水沙运动特性验证

验证依据第 2 章介绍的航母落位航道回淤资料,根据分析和以往工程计算经验,航道回淤模拟必须考虑波浪与潮流的综合作用,模型采用年频率约 30% 的 ESE 向代表波(其入射波高为 0.94 m,周期为 3.84 s)作为波流模型的控制条件,并假定该波潮组合动力占模型全年冲淤计算时间的 1/3,余下 2/3 时间为单纯潮流作用。

图 3-13 为航母航道沿程淤积分布计算与实测资料对比,图中实线为实测结果,虚线为计算结果。从图中曲线变化可知,数学模型计算结果与实测资料趋势一致,淤强计算值大多小于实测结果。该段航道年平均淤强实测为 1.35 m/年,计算为 0.99 m/年;年回淤总量实测为 92 万 m³/年,计算为 67 万 m³/年,模型比实测结果小 27%,符合模拟规程中泥沙冲淤量允许的 ±30% 偏差范围。

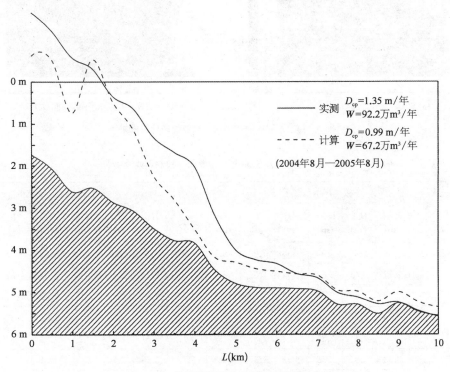

图 3-13 航母航道回淤计算验证淤强分布图

验证计算结果表明,模型在总体上能够反映工程海域水沙特征和冲淤趋势,工程区模型(小模型)具备复演电厂取水工程海域水沙运动特性的能力,可以用于电厂取水工程水流和泥沙问题模拟预测和方案比选。

3.4.1.3 研究成果

1) 平面二维波浪数学模型

工程前工程区海域波浪在近岸水域传播过程中变形和沿程衰减较小,波高随着水位降低减小,低水位条件下浅水水域出现波浪破碎。工程区海域 50 年一遇极端高水位波向为 SSE 时最大波高 $H_{1\%}$ 为 3.67 m;年代表波要素平均海平面条件下工程区海域 $H_{1\%}$ 和 $H_{4\%}$ 分别约为 0.95 m 和 0.81 m。几种代表波要素情况下工程区沿线计算点位置波高相差不大。

波浪计算主要成果如图 3-14 和表 3-6、表 3-7 所示。

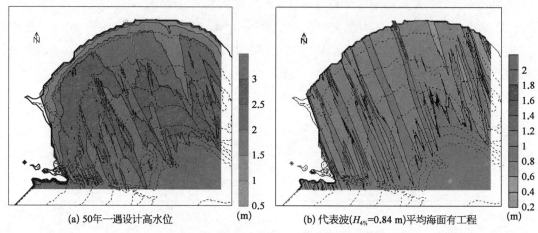

(a) 50 年一遇设计高水位   (b) 代表波($H_{4\%}$=0.84 m)平均海面有工程

图 3-14　工程区海域平面二维波浪场计算成果

表 3-6　无工程方案 50 年一遇断面一控制点波浪要素

位置	极端高水位							设计高水位						
	水深	$H_{1\%}$ (m)	$H_{4\%}$ (m)	$H_{13\%}$ (m)	$\overline{H}$ (m)	$\overline{T}$ (s)	$\overline{L}$ (m)	水深	$H_{1\%}$ (m)	$H_{4\%}$ (m)	$H_{13\%}$ (m)	$\overline{H}$ (m)	$\overline{T}$ (s)	$\overline{L}$ (m)
C1-1	5.16	2.69	2.35	1.99	1.35	7.37	49.1	2.77	1.66*	1.66*	1.44	1.02	7.37	37.1
C1-2	6.16	2.77	2.41	2.02	1.34	7.37	52.9	3.77	2.26	2.17	1.87	1.31	7.37	42.7
C1-3	7.16	2.98	2.59	2.15	1.43	7.37	56.3	4.77	2.64	2.32	1.97	1.35	7.37	47.4
C1-4	8.16	3.19	2.76	2.29	1.51	7.37	59.2	5.77	2.86	2.50	2.10	1.42	7.37	51.5
C1-5	9.16	3.31	2.85	2.36	1.54	7.37	61.9	6.77	3.11	2.71	2.27	1.51	7.37	55.0
C1-6	10.16	3.32	2.85	2.35	1.53	7.37	64.3	7.77	3.18	2.75	2.29	1.51	7.37	58.1
C1-7	11.16	3.50	3.00	2.47	1.60	7.37	66.4	8.77	3.25	2.81	2.32	1.52	7.37	60.9
C1-8	12.16	3.60	3.08	2.53	1.64	7.37	68.4	9.77	3.42	2.95	2.44	1.59	7.37	63.4
C1-9	13.16	3.67	3.13	2.57	1.66	7.37	70.1	10.77	3.48	2.99	2.46	1.60	7.37	65.6
位置	平均海平面							设计低水位						
	水深	$H_{1\%}$ (m)	$H_{4\%}$ (m)	$H_{13\%}$ (m)	$\overline{H}$ (m)	$\overline{T}$ (s)	$\overline{L}$ (m)	水深	$H_{1\%}$ (m)	$H_{4\%}$ (m)	$H_{13\%}$ (m)	$\overline{H}$ (m)	$\overline{T}$ (s)	$\overline{L}$ (m)
C1-1	1.56	0.94*	0.94*	0.81	0.57	7.37	28.3	0.34	0.20*	0.20*	0.18	0.13	7.37	13.4
C1-2	2.56	1.54*	1.54*	1.33	0.94	7.37	35.8	1.34	0.80*	0.80*	0.70	0.49	7.37	26.3
C1-3	3.56	2.14*	2.11	1.83	1.29	7.37	41.6	2.34	1.40*	1.33	1.15	0.80	7.37	34.3

位置	平均海平面						设计低水位					
	水深	$H_{1\%}$ (m)	$H_{4\%}$ (m)	$H_{13\%}$ (m)	$\bar{H}$ (m)	$\bar{T}$ (s)	$\bar{L}$ (m)	水深	$H_{1\%}$ (m)	$H_{4\%}$ (m)	$H_{13\%}$ (m)	$\bar{H}$ (m)	$\bar{T}$ (s)	$\bar{L}$ (m)
C1-4	4.56	2.63	2.32	1.98	1.36	7.37	46.5	3.34	2.00*	2.00*	1.74	1.23	7.37	40.4
C1-5	5.56	2.95	2.58	2.19	1.49	7.37	50.7	4.34	2.60	2.44	2.10	1.47	7.37	45.5
C1-6	6.56	3.06	2.66	2.23	1.49	7.37	54.3	5.34	2.92	2.56	2.17	1.48	7.37	49.8
C1-7	7.56	3.14	2.72	2.26	1.50	7.37	57.5	6.34	3.02	2.63	2.21	1.48	7.37	53.5
C1-8	8.56	3.26	2.82	2.34	1.53	7.37	60.3	7.34	3.07	2.66	2.22	1.47	7.37	56.8
C1-9	9.56	3.30	2.84	2.34	1.53	7.37	62.9	8.34	3.25	2.80	2.33	1.53	7.37	59.7

位置	极端低水位						
	水深	$H_{1\%}$ (m)	$H_{4\%}$ (m)	$H_{13\%}$ (m)	$\bar{H}$ (m)	$\bar{T}$ (s)	$\bar{L}$ (m)
C1-1	−2.00	—	—	—	—	—	—
C1-2	−1.00	—	—	—	—	—	—
C1-3	0.00	—	—	—	—	—	—
C1-4	1.00	0.60*	0.60*	0.52	0.37	7.37	22.8
C1-5	2.00	1.20*	1.20*	1.04	0.74	7.37	31.8
C1-6	3.00	1.80*	1.80*	1.56	1.10	7.37	38.5
C1-7	4.00	2.40	2.40*	2.08	1.47	7.37	43.9
C1-8	5.00	2.82	2.49	2.11	1.45	7.37	48.4
C1-9	6.00	3.10	2.72	2.29	1.55	7.37	52.3

注: * 指极限波高。

表 3-7　无工程方案代表波 ($H_{1/10}=0.84$ m) 计算断面控制点波浪要素

位置	极端高水位						设计高水位					
	水深	$H_{1\%}$ (m)	$H_{4\%}$ (m)	$H_{13\%}$ (m)	$\bar{H}$ (m)	$\bar{T}$ (s)	$\bar{L}$ (m)	水深	$H_{1\%}$ (m)	$H_{4\%}$ (m)	$H_{13\%}$ (m)	$\bar{H}$ (m)	$\bar{T}$ (s)	$\bar{L}$ (m)
C1-1	5.16	0.95	0.81	0.66	0.42	3.91	21.6	2.77	0.93	0.80	0.66	0.43	3.91	17.9
C1-2	6.16	0.96	0.81	0.65	0.41	3.91	22.4	3.77	0.95	0.81	0.66	0.42	3.91	19.8
C1-3	7.16	0.96	0.81	0.65	0.41	3.91	22.9	4.77	0.95	0.81	0.66	0.42	3.91	21.2
C1-4	8.16	0.96	0.81	0.65	0.41	3.91	23.3	5.77	0.96	0.81	0.66	0.42	3.91	22.1
C1-5	9.16	0.96	0.81	0.65	0.41	3.91	23.5	6.77	0.96	0.81	0.65	0.41	3.91	22.8
C1-6	10.16	0.96	0.81	0.65	0.41	3.91	23.7	7.77	0.96	0.81	0.65	0.41	3.91	23.2
C1-7	11.16	0.97	0.82	0.66	0.41	3.91	23.7	8.77	0.97	0.82	0.66	0.42	3.91	23.4
C1-8	12.16	0.99	0.83	0.67	0.42	3.91	23.8	9.77	0.97	0.82	0.66	0.41	3.91	23.6
C1-9	13.16	0.99	0.83	0.67	0.42	3.91	23.8	10.77	0.99	0.83	0.67	0.42	3.91	23.7

（续表）

位置	平均海平面							设计低水位						
	水深	$H_{1\%}$ (m)	$H_{4\%}$ (m)	$H_{13\%}$ (m)	$\bar{H}$ (m)	$\bar{T}$ (s)	$\bar{L}$ (m)	水深	$H_{1\%}$ (m)	$H_{4\%}$ (m)	$H_{13\%}$ (m)	$\bar{H}$ (m)	$\bar{T}$ (s)	$\bar{L}$ (m)
C1-1	1.56	0.91	0.80	0.68	0.47	3.91	14.2	0.34	0.20*	0.20*	0.18	0.13	3.91	7.0
C1-2	2.56	0.93	0.80	0.66	0.43	3.91	17.4	1.34	0.80*	0.75	0.64	0.45	3.91	13.3
C1-3	3.56	0.94	0.80	0.65	0.42	3.91	19.5	2.34	0.93	0.80	0.66	0.44	3.91	16.8
C1-4	4.56	0.94	0.80	0.65	0.41	3.91	21.0	3.34	0.94	0.80	0.66	0.42	3.91	19.1
C1-5	5.56	0.94	0.80	0.65	0.41	3.91	22.0	4.34	0.94	0.80	0.65	0.42	3.91	20.7
C1-6	6.56	0.95	0.80	0.65	0.41	3.91	22.6	5.34	0.94	0.80	0.65	0.41	3.91	21.8
C1-7	7.56	0.96	0.81	0.65	0.41	3.91	23.1	6.34	0.95	0.80	0.65	0.41	3.91	22.5
C1-8	8.56	0.96	0.81	0.65	0.41	3.91	23.4	7.34	0.96	0.81	0.65	0.41	3.91	23.0
C1-9	9.56	0.97	0.82	0.66	0.41	3.91	23.6	8.34	0.96	0.81	0.65	0.41	3.91	23.3

位置	极端低水位						
	水深	$H_{1\%}$ (m)	$H_{4\%}$ (m)	$H_{13\%}$ (m)	$\bar{H}$ (m)	$\bar{T}$ (s)	$\bar{L}$ (m)
C1-1	−2.00	—	—	—	—	—	—
C1-2	−1.00	—	—	—	—	—	—
C1-3	0.00	—	—	—	—	—	—
C1-4	1.00	0.60*	0.60*	0.52	0.37	3.91	11.7
C1-5	2.00	0.81	0.70	0.58	0.38	3.91	15.8
C1-6	3.00	0.85	0.73	0.60	0.39	3.91	18.4
C1-7	4.00	0.88	0.75	0.61	0.39	3.91	20.2
C1-8	5.00	0.91	0.77	0.62	0.40	3.91	21.4
C1-9	6.00	0.96	0.81	0.66	0.41	3.91	22.3

2）平面二维波浪潮流悬沙数学模型

（1）工程海区潮流动力不强，涨、落潮主流向与取水工程设计引潮沟及拦沙堤走向基本一致；在单纯潮流作用下工程海区水体含沙量不大，仅在近岸浅滩地带有较明显浑水带。在波潮组合环境下，工程区海域水体含沙浓度显著提高，还发生平行于海岸的泥沙运动，对取水工程的取水和引潮沟回淤均有直接影响。

（2）方案1引潮沟内泥沙回淤受波浪影响显著，年平均回淤强度超过1 m，局部最大淤厚每年超过2 m，并随引水量增加而向岸移动，年总回淤量约为60万 m³。

（3）方案2引潮沟回淤主要受波浪影响，其平均淤强和最大淤强均小于引潮沟方案1，沉淀池及与引潮沟衔接段淤强随取水流量增加明显增大，而在取水量更大时沉淀池内淤积反而变小，表明更大的取水量开始抑制沉淀池的促淤沉淀泥沙的功能。该方案沉淀池和引潮沟的年平均淤强分别为 0.97～1.14 m 和 0.78～0.91 m,局部最大淤厚每年在 1.6 m 左右,年总回淤量在 90 万～100 万 m³。

（4）方案 2-1 沉淀池加长 1 000 m,其引潮沟和沉淀池回淤分布与引潮沟方案 2 基本相似,差别主要是沉淀池内淤强与淤积量均比引潮沟方案 2 大,而引潮沟内淤强与淤积量稍小。沉淀池内回淤随取水量增大而增加,沉淀池促淤功能并未受大取水量影响。沉淀池和引潮沟年平均淤强分别为 1.20～1.29 m 和 0.81～0.97 m,引潮沟局部每年最大淤厚为 1.7 m 左右,年总回淤量为 132 万～139 万 m³。

（5）综合比较认为,采用海挡外沉淀池促淤取水工艺的引潮沟方案 2 和方案 2-1,引潮沟内淤强不大,沉淀池可以截留较多泥沙且易于工程运行维护清理,对提高取水水质也有利。考虑大流量取水,方案 2-1 更好一些。

（6）从数模模拟成果判断,物理模型所选定的开边界位置可以满足控制要求,两侧水域概化成闭边界也基本符合工程区的水流运动特性,物理模型范围选取合理。

3.4.2　物理模型试验

本阶段物理模型有两个：取水工程整体物理模型(简称"整体物理模型")和海挡内沉淀池泥沙沉降物理模型(简称"沉沙物理模型")。前者用于模拟工程区海域潮汐水流运动特性与流态、波浪和潮流共同作用下细颗粒泥沙在海挡外沉淀池引潮沟及取水工程周边水域的输移运动,进行取水工程设计方案定床取水状况、动床泥沙回淤比选及优化试验研究,也用于在非恒定流条件下闸孔进水、沉淀调节池蓄水水位变化和取水安全性(即取水量和取水水质)模拟试验。后者用于海挡内岸上厂址边沉淀调节池泥沙沉淀效果试验研究,进行在接近于静水环境中细颗粒泥沙沉降与扩散和水体含沙量变化模拟试验。

3.4.2.1　模型简介

1）整体物理模型

根据天津北疆发电厂取水工程特点及数学模型对工程区海域大范围流场模拟计算结果,确定整体物理模型范围为：模型中外海边界位于海图 6.5 m 等深线附近(离岸约为 19 km),沿岸方向以引潮沟轴线为中心左、右各宽约 6.5 km。依据研究范围及试验场地条件,确定模型平面比尺 450,垂直比尺为 64,物理模型长和宽分别为 45 m 和 30 m。选择中值粒径 $d_{50} = 0.054$ mm、容重为 1.16 t/m³ 的木粉作为模型沙。

物理模型设计的依据是河工模型相似理论,模型相似条件包括二维潮汐水流运动相似、波浪运动相似、波浪潮流共同作用下泥沙输移运动相似、泥沙冲淤部位相似等。

工程区海域模型地形依据国家海洋环境监测中心 2004 年测 1∶2 000,1∶1 万"天津北疆发电厂工程海底及岸线地形图"制作,其他海域按 2002 年测 1∶5 万"天津新港"海图与 2002 年测 1∶10 万"天津港及附近"海图嵌套地形制作(图 3-15 虚线范围内)。模型中海域地

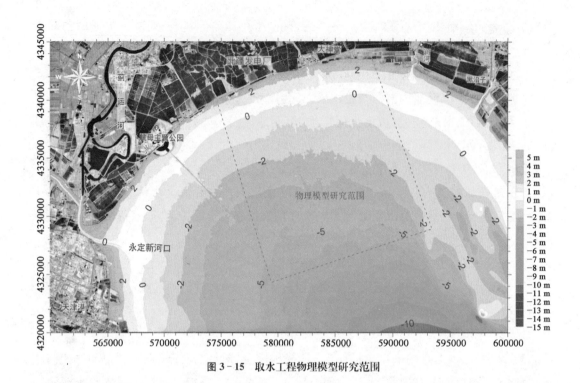

图 3-15 取水工程物理模型研究范围

形采用断面法制作,一般间隔 1.0 m 布设一条断面,大神堂渔港航道断面间隔为 0.5 m。采用经纬仪控制平面位置、水准仪控制断面高程,精度误差控制在高程±1.0 mm,平面±5 mm 以内。模型中引潮沟、沉淀调节池及挡沙堤等均依据设计布置方案按比例制作。

模型设置了 3 个尾门以保证研究区流场的相似。模型潮汐系统采用翻板式尾门辅以流量泵由计算机控制,潮位过程线采用自记式水位仪测量。水位仪测站设在现场 2♯测点的相应位置。波浪采用推板式生波机产生,波高由电阻式波高仪测量并由计算机自记。含沙量采用光电式浊度仪,由计算机采集并记录。模型流速采用光电旋桨流速仪测定,小流速则用浮标法测量。试验中还采用数码相机拍摄局部流态图和试验实况。模型中使用的各种测试仪器,在安装前均进行测试率定。关键设备如水位仪、波高仪、浊度仪等,保持经常性校核,以确保试验精度的要求。

图 3-15 和图 3-16 分别为取水工程整体物理模型研究范围和物理模型平面布置图。模型其他详情参见参考文献[14]。表 3-8 列出了整体物理模型的主要比尺。

表 3-8 取水工程整体物理模型各项比尺

名　称	计算值	采用值	名　称	计算值	采用值
水平比尺	450	450	粒径比尺	0.13	0.13
垂直比尺、波高比尺、波长比尺	64	64	含沙量比尺、挟沙能力比尺	0.22	0.22
流速比尺	8	8	干容重比尺	2.14	2.14
糙率系数比尺	0.75	0.73	水流起动流速比尺	8.3～9.7	8.00

（续表）

名　称	计算值	采用值	名　称	计算值	采用值
水流时间比尺	56.25	56.3	波浪起动流速比尺	8.2～10.3	8.00
波周期比尺、波动速度比尺	8	8	冲淤时间比尺	547.5	547.5
沉速比尺	1.14	1.03～1.53			

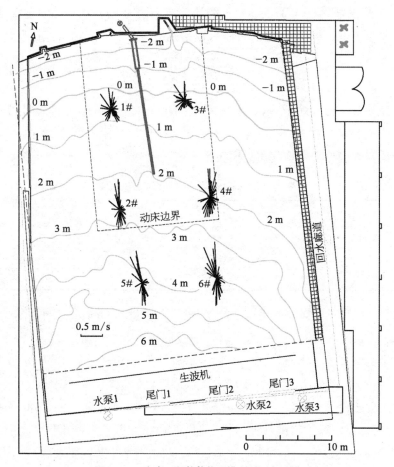

图 3-16　取水工程整体物理模型平面布置图

2）沉沙物理模型

海挡内沉淀池泥沙沉降物理模型的关键是满足模型沙与原型沙沉降相似。在此基础上再确定模型的其他相似关系。现场实测海水中悬浮物粒径为 0.001～0.004 mm，这种细颗粒泥沙一般处于絮凝状态，其絮团沉降速度远大于单颗粒泥沙，计算其沉速时一般采用絮凝当量粒径 0.03 mm。模型沙选用中值粒径为 0.081 mm 的木屑，颗粒湿容重为 1 160 kg/m³，干容重为 470 kg/m³。采用窦国仁公式和 Stokes 公式对原型沙和模型沙沉降速度进行计算，结果见表 3-9，计算温度取 5～15℃。

表 3-9　原型沙和模型沙沉速计算结果　　　　　　　　　　　　　　（单位：cm/s）

沙　样	窦国仁公式	Stokes 公式
0.03 mm 絮凝粒径	0.060 5～0.070 4	0.037 9～0.050 4
0.081 mm 木屑	0.038 6～0.045 7	0.028 3～0.037 7
沉速比	1.3～1.8	1.0～1.8

从表 3-9 可见，原型沙絮凝沉速与模型沙沉速之比为 1.0～1.8，在模型设计中取大值，对试验结果偏于安全。根据模型相似理论，模型几何比尺关系可由沉速比尺计算式如下：

$$\lambda_w = \lambda_v \frac{\lambda_h}{\lambda_l} = \sqrt{\lambda_h} \frac{\lambda_h}{\lambda_l} = 1.8$$

根据模型沙及试验场地条件，选取模型平面比尺为 50，依据上式可求得垂直比尺为 20。厂址边原型沉淀调节池 850 m×250 m×5 m 按比尺关系缩制成 17 m×5 m×0.25 m 海挡内沉沙池物理模型。模型其他比尺关系见表 3-10。

表 3-10　海挡内沉沙池物理模型各项比尺

比　尺	计算关系	取　值	比　尺	计算关系	取　值
水平比尺 λ_L	—	50	流量 λ_Q	$\lambda_v \lambda_h \lambda_l$	4 470
垂直比尺 λ_H		20	含沙量 λ_s	$\lambda_{\gamma_s}/\lambda_{\gamma_s} - \gamma$	0.22
流速 λ_v	$\sqrt{\lambda_h}$	4.47	水流时间 λ_t	λ_l/λ_v	11.2

沉沙池泥沙沉降试验按照半潮取水流量、进口含沙量的不同，分三种取水工况：其一为进水流量 42 m³/s、出水流量 21 m³/s，进口含沙量取 0.4 kg/m³（根据取水工程方案 1 泥沙淤积试验结果）；其二为进水流量 21 m³/s、出水流量 10.5 m³/s，进口含沙量取 0.2 kg/m³；其三为进水流量 21 m³/s、出水流量 10.5 m³/s，进口含沙量取 0.15 kg/m³。

按照半潮取水设计要求，先在水库内备足符合进口含沙量要求的浑水，连接流量可控供水泵，按照进水流量要求将沉沙池灌满，然后开启出水泵（可调节出水流量），大约经过 32 min（相当于现场 6 h）后沉沙池内水位降至满足同时进出水量要求的最高水位，此时再开启供水泵对沉沙池补水，约 32 min 后沉沙池将再次充满，停供水泵约 32 min 后，池内水位又将达到同时进出水的最高水位，至此沉沙池完成一次涨落潮的供取水过程；再次开启供水泵则开始下一个涨落潮取水过程，如此循环进行，直至出水口含沙量维持稳定状态。试验过程除严格控制进、出水流量外，同时还需利用光电浊度仪监测进出水口含沙量。

3.4.2.2　模型验证

沉沙物理模型无须验证，因此本节是整体物理模型的验证内容。模型验证包括潮流运动验证和近岸泥沙冲淤验证两部分，其中潮流运动验证又包括潮位过程和流速流向过程验证。

工程区海域临时验潮站(2♯测站)大、小潮潮位过程验证结果如图 3 - 17 所示。可见物理模型能够较好地复演工程区海域原型潮差、相位等潮位变化过程。在潮位过程验证相似基础上,在模型中对 2005 年 5 月下旬至 6 月 1 日 1♯~6♯测站大潮、小潮实测流速流向分别进行了验证,结果如图 3 - 18 和图 3 - 19 所示。潮流运动验证试验结果分析表明,除个别测站某些时刻模型值与实测值偏离稍大外,6 个观测点处流速、流向及其过程模型与原型吻合较好,符合港口工程模型试验规程精度要求。模型能够复演工程区原型潮汐潮流运动特性,潮流运动相似性较好。

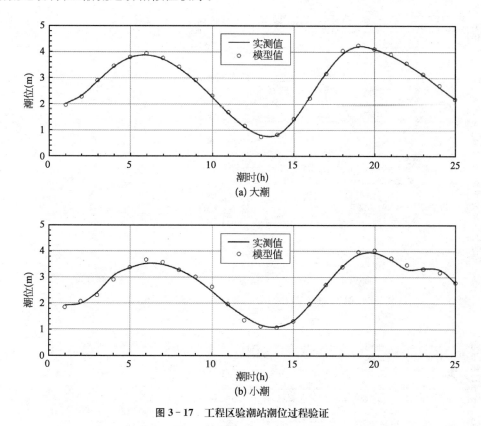

(a) 大潮

(b) 小潮

图 3 - 17　工程区验潮站潮位过程验证

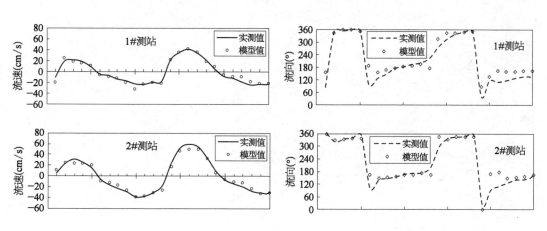

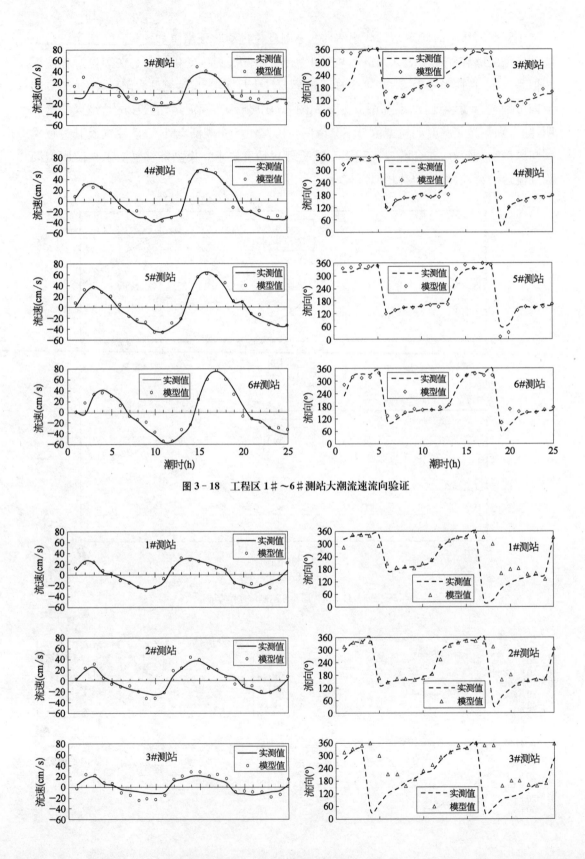

图 3-18　工程区 1#～6#测站大潮流速流向验证

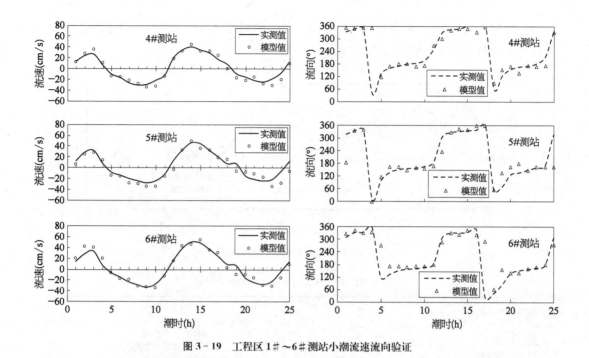

图 3 - 19　工程区 1#～6# 测站小潮流速流向验证

　　"基辅"号航母落位航槽位于拟建取水工程西侧约 12.5 km,有 2003 年 8 月和 2005 年 8 月两次实测资料。该航槽与工程研究区同属渤海湾湾顶海域,潮汐、波浪动力及泥沙环境等条件基本一致。在工程研究区内缺乏可利用的泥沙冲淤验证资料的条件下,采用将"基辅"号航母航槽"移植"至拟建引潮沟工程位置,进行物理模型研究区海域近岸泥沙运动特性和泥沙冲淤验证。为力求达到冲淤相似,模型验证区及附近局部范围设计制作成动床(图 3 - 16)。相比航母航槽底高程平均约−5 m,拟建取水工程引潮沟设计底高程−2 m 较浅。出于使"移植"航槽与引潮沟尽可能具有可比性,进行如下处理:将 2003 年 8 月与 2005 年 8 月航母航道沿程断面高程平均值作为"移植"航槽起始地形(称为"拟合的 2004 年 8 月地形"),以 2005 年 8 月测量地形为验证目标地形,"移植"航道走向与取水工程引潮沟走向一致。物理模型模拟原型时间 1 年。

　　在泥沙冲淤验证试验中,所采用代表性潮型大致接近于 2005 年 5 月大神堂临时验潮点实测大潮潮型与典型中潮潮型的组合,如图 3 - 20 所示;年代表波采用原型波高为 0.9～1.1 m,平均周期为 5～6 s,根据模型中控制含沙量是否满足模型设计要求做适当小幅度调整;采用离岸不同距离年平均含沙量估算特征值作为模型控制参考值(表 2 - 20 和图 2 - 31)。为了在模型中模拟原型含沙量沿程分布,一方面要率定控制模型加沙区加沙量及其分布;另一方面,在近岸局部动床区域铺以厚度约 3 mm 模型沙,以满足在波流共同作用下含沙量沿程交换的模型设计要求。经多组试验,模型率定了水动力控制关键参数,基本实现并率定了含沙量沿程分布(表 3 - 11 和图 3 - 21)。模型试验率定平均波高、波周期分别为 1.65 cm 和 0.75 s(相当于原型波高 1.06 m、波周期 6 s),模型含沙量比尺为 0.22,模型冲淤时间比尺为 547.5，即模型 16 h 相当于原型 1 年。又经过若干组试验，完成了泥沙运动特性和航槽回淤量验证，如图 3-22 所示。

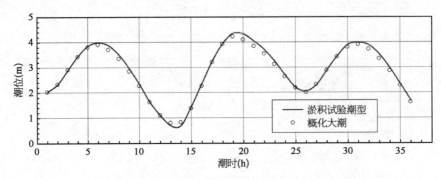

图 3-20　淤积试验潮型曲线

表 3-11　模型涨落潮平均含沙量沿程分布

离岸距离(km)	1	2	3	4	5	7	8	9	10
模型控制	1.55	1.00	0.80	0.65	0.52	0.45			
原型计算分析	2.15	1.14	0.72	0.58	0.49	0.40	0.38	0.35	0.34

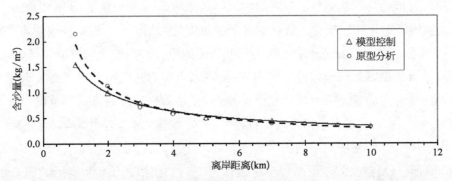

图 3-21　物理模型控制含沙量沿程分布

(a) 航母落位航道附近滩地形态(2006年3月)

(b) 模型"移植"挖槽回淤形态

图 3-22　物理模型模拟"移植"挖槽回淤形态与航母落位航道附近滩地形态对比

图 3-22(a)为航母落位航槽附近露滩时岸滩遥感图,"移植挖槽"泥沙冲淤验证地形如图 3-22(b)所示。移植航槽与航母航槽及其附近淤积岸滩形态非常相似,模型中挖槽两侧滩地上冲淤幅度较小,表明模型岸滩地形冲淤基本平衡。移植"航母航道"泥沙冲淤验证结果如图 3-23 所示,"航母航道"沿程回淤量计算见表 3-12。

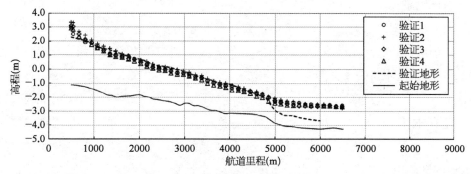

图 3-23　航母航道泥沙回淤验证

表 3-12　航母航道泥沙回淤量验证结果计算

航道里程(m)	年平均淤积厚度(m/年)		断面间淤积量(万 m³)	
	原型实测	模型验证	原型实测	模型验证
500	3.39	4.21		
1 000	3.29	2.84	11.87	12.18
1 500	3.20	2.60	11.60	9.52
2 000	2.84	2.02	9.68	8.01
2 500	2.52	1.84	8.71	6.34
3 000	2.43	1.75	8.33	6.07
3 500	2.16	1.71	7.33	5.76
4 000	2.10	1.74	7.08	5.68
4 500	1.81	1.73	5.70	5.82
5 000	1.30	2.17	3.87	6.15
5 500	0.80	2.45	2.42	8.31
6 000	0.66	2.43	1.98	8.47
6 500	0.58	2.33	1.74	7.99
合计			80.33	90.30

验证试验结果显示,模型淤积厚度沿程分布与原型在分布形态上基本一致,量值上大体相当(离岸距离 5～6.5 km 范围内模型淤积明显比原型多,主要原因是该段模型滩槽高差比原型航母落位航道对应段的大)。原型航槽 500～6 500 m 范围内泥沙年回淤量为80.3 万 m³,模型年淤积量为 90.3 万 m³。模型泥沙回淤在量值上稍大(约大 12.5%),对取水工程而言略偏于安全。

通过模型验证试验率定,模型能够较好地复演工程区海域原型潮汐水流运动和波浪潮流共同作用下近岸泥沙运动及挖槽泥沙回淤特性。模型相似性较好,符合相关技术规范要求。

3.4.2.3 试验成果

1) 整体物理模型

在整体物理模型中,对取水工程方案 1 和方案 2 方案及其优化,从水流形态、引潮沟(及沉淀调节池)取水状况和泥沙回淤,以及取水工程建成后引起周边海域冲淤变化等方面,进行了试验研究。取水水量安全方面考虑了不取水(0)、2 台机连续取水(10.5 m³/s)、4 台机连续取水(21 m³/s)、2 倍连续取水(42 m³/s)和 4 倍连续取水(84 m³/s)等;外海潮型除了 97% 潮型之外,还有外海 0 m、−1 m 两个固定潮位;还考虑了 5 km、7 km 两个引潮沟挡沙堤长度,50 m、80 m 两个引潮沟底宽及引潮沟挡沙堤不同的顶高程。取水水质(水体含沙量)与泥沙回淤方面的试验也有相应的多个组合工况。考虑若干大于 21 m³/s 取水流量试验工况,是为了全面把握取水流量对取水安全(引潮沟内流速、泥沙冲淤和取水口水位、水体含沙量变化等)影响的趋势。试验主要结果如图 3-24～图 3-32 和表 3-13、表 3-14 所示。

涨急   涨急

落急   落急

方案1(L=5 km, b=50 m, B=246.2 m, Q=21 m³/s)   方案2(L=7 km, b=50 m, B=246.2 m, Q=42 m³/s)

图 3-24 外海 97% 典型低潮位过程取水状况试验流态

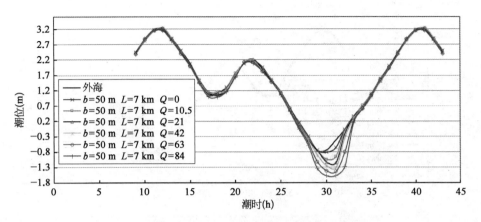

图 3 - 25　外海 97%典型低潮位过程方案 1 不同设计取水流量
Q(m³/s)取水口抽水泵前水位变化过程

（B 为引潮沟挡沙堤堤间距,b 为引潮沟底宽,L 为挡沙堤长度）

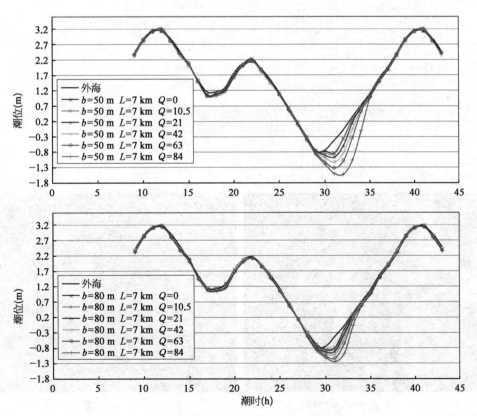

图 3 - 26　外海 97%典型低潮位过程方案 2 不同设计取水流量
Q(m³/s)取水口抽水泵前水位变化过程

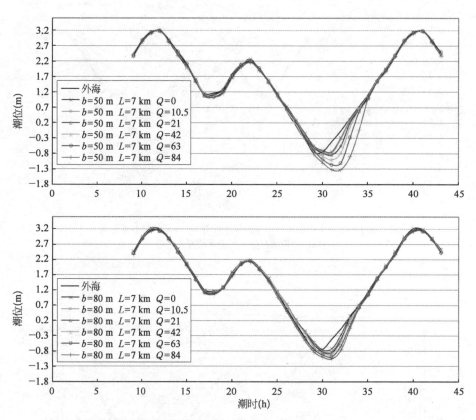

图 3-27 外海 97% 典型低潮位过程方案 2-1 不同设计取水流量
$Q(\text{m}^3/\text{s})$取水口抽水泵前水位变化过程

(a) 方案1(L=5 km, B=50 m, Q=42 m³/s)   (b) 方案2-1(L=5 km, B=80 m, Q=42 m³/s)

图 3-28 取水工程不同方案涨潮泥沙运动特性试验

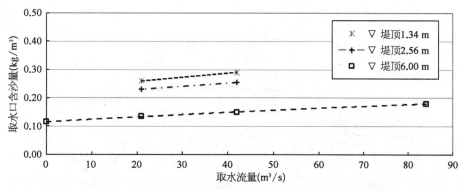

图 3-29　方案 2-1 取水口含沙量与挡沙堤堤顶高程及取水流量之间关系

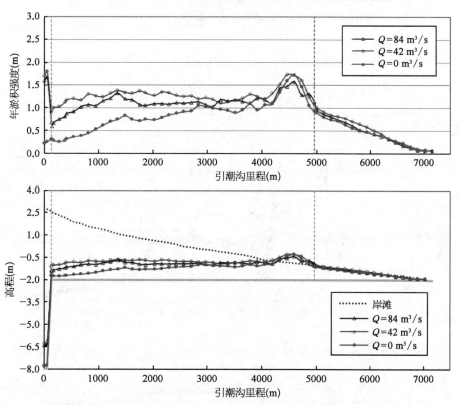

图 3-30　不同设计取水流量 Q 工况方案 1 引潮沟内年平均泥沙回淤情况

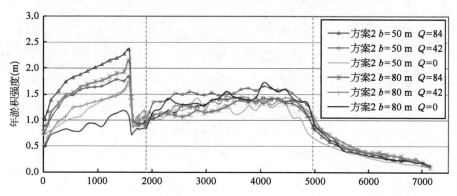

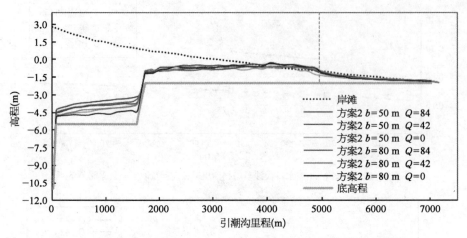

图 3-31 不同设计取水流量 $Q(\text{m}^3/\text{s})$ 工况方案 2 引潮沟内年平均泥沙回淤情况

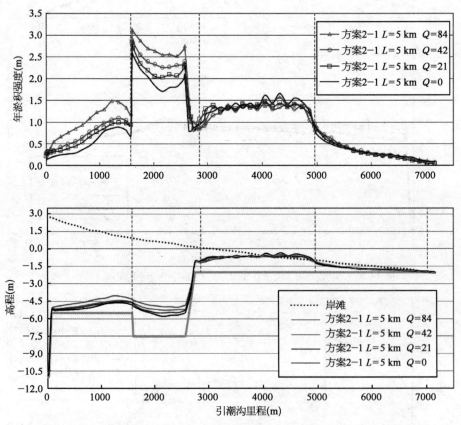

图 3-32 不同设计取水流量 $Q(\text{m}^3/\text{s})$ 工况方案 2-1 引潮沟内年平均泥沙回淤情况

表 3-13　方案 1、方案 2 各区域泥沙年平均回淤强度　（单位：m）

| Q (m³/s) | 年最大淤强 | | | | 年平均淤强 | | | | | |
| | 外沉淀池 | | 引潮沟 | | 外沉淀池 | | 内引潮沟 | | 外引潮沟 | |
	方案 1	方案 2	方案 1	方案 2	方案 1	方案 2	方案 1	方案 2	方案 1	方案 2
84		2.37	1.58	1.32		1.57	1.18	1.17	0.46	0.53
42		1.84	1.73	1.43		1.33	1.30	1.16	0.52	0.33
0		1.67	1.73	1.47		1.12	1.04	1.29	0.45	0.46

注：内引潮沟为挡沙堤掩护段，外引潮沟为堤外段。

表 3-14　海挡外沉淀池不同布置不同取水流量条件下各区域泥沙年最大回淤强度　（单位：m）

| 取水流量 Q(m³/s) | 海挡外沉淀池 1 | | 海挡外沉淀池 2 | | 引潮沟 | |
	方案 2	方案 2-1	方案 2	方案 2-1	方案 2	方案 2-1
84	2.15	1.50	1.46	3.14	1.44	1.58
42	1.75	1.10	1.40	2.90	1.47	1.45
21		1.00		2.83		1.48
0	1.20	0.89	0.86	2.60	1.73	1.66

注：海挡外沉淀池 1 为原设计 1.5 km 段，海挡外沉淀池 2 为延长 1 km 段。

试验主要成果如下：

（1）方案 2 取水条件（水量与水质）优于方案 1，方案 2-1 在方案 2 基础上海挡外沉淀调节池向外延长 1 km、延长段底高程降低至 -7.5 m，其沉淀调节池能力进一步提高，取水条件更好。即使在 97% 典型低潮位过程条件下，方案 2-1 均能满足 50% 以上半潮取水要求。引潮沟较大断面的 80 m 底宽方案对保证取水安全更为有利。

（2）方案 1 引潮沟内泥沙回淤量相对较小，但引入沉淀池水体含沙量较大、水质较差，因而海挡内沉淀池泥沙淤积量较大。方案 2 引潮沟引进水体中部分泥沙首先在海挡外沉淀池中沉降落淤，能使取水口水体含沙量有效降低，再经过二次沉淀调节池泥沙沉降，电厂取水水质得到进一步改善。方案 2 海挡外沉淀池及引潮沟内泥沙淤积量比方案 1 有所增加，但海挡内二次沉淀调节池泥沙淤积量明显减少。从防淤减淤和工程投产后运行成本与管理方面考虑，方案 2 优于方案 1。

（3）通过不同挡沙堤长度、不同挡沙堤堤顶高程及引潮沟底宽的优化论证，建议取水工程引潮沟方案 2-1 作为设计初步推荐方案，挡沙堤采用出水堤且长度不宜短于 5 km。

2）沉沙物理模型

海挡内沉淀调节池沉沙效率恒定流物模试验结果表明，对于特定含沙量范围水体，可设计一定尺度的内沉淀池以达到沉降泥沙的作用，从而降低含沙量，提高水质。工程区海域水体悬沙多为细颗粒泥沙，沉降速度小，其沉降效率不容乐观；仅在岸上厂区内布置沉淀池，

　　将会导致发电厂项目投产运行后清淤困难、弃土难以处置等新的环境问题。因此,尽可能降低(海挡)外沉淀调节池取水口含沙量,并合理布置内沉淀池,使之有效提高沉降效率。这是保障电厂能够取到相对较高水质海水同时有效减少上岸泥沙量的关键技术措施。

　　试验主要结果如图 3-33~图 3-35 所示。

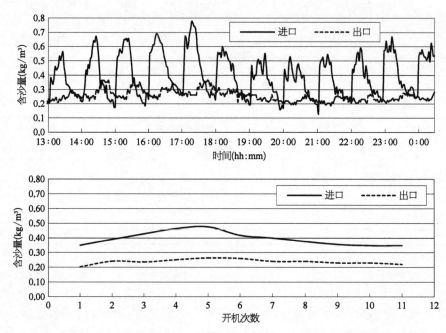

图 3-33　进水流量 42 m³/s、进口含沙量 0.4 kg/m³时进出口含沙量变化

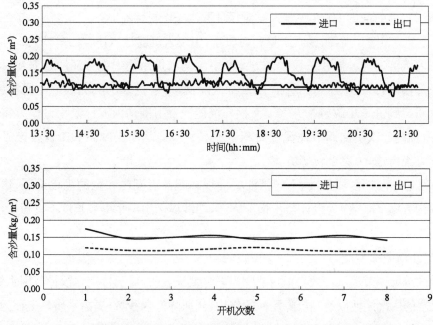

图 3-34　进水流量 21 m³/s、进口含沙量 0.15 kg/m³时进出口含沙量变化

(a) $Q_{进}$=42 m³/s、$Q_{出}$=21 m³/s　　　　　　(b) $Q_{进}$=21 m³/s、$Q_{出}$=10.5 m³/s

图 3 - 35　海挡内厂址边沉淀调节池泥沙沉降模型试验

3.4.3　研究结论及方案优化思路

（1）由于海挡内沉淀池容积较小,为了满足冷却水与淡化水(21 m³/s)安全取水设计要求,必须保持引潮沟时时畅通;随着时间推移,引潮沟内会发生累积性泥沙淤积,断面逐渐缩小、阻力增大,取水流量变小;上述两者均对引潮沟清淤维护提出了很高要求。选择定期维护清淤,除了会短期影响正常运行和增加运营成本,还会涉及长期抛泥处置及对生态环境影响问题;而如果不及时清淤,就会首先导致取水量达不到设计要求。

（2）海挡外沉淀池通过引潮沟与外海直通,取水条件受外海潮汐涨落直接控制,取水水量调节能力和泥沙沉淀效率相对较差,难以保证全天候大流量取水设计要求。具体表现为:经海挡外沉淀池沉淀已经相对变清的水体会部分随退潮重回外海,沉淀池沉沙效用不能充分发挥;遭遇较大风浪等恶劣天气,海挡外沉淀池沉淀功能基本消失,水体含沙量大、水质差。而海挡内沉淀池因受其尺度限制,进一步沉淀泥沙、提高水质的效率有限,难以保证满足电厂安全用水设计要求。此外,在冬季引潮沟中海冰堆积或持续低潮位过程条件下,大流量取水困难,将很大可能无法保证电厂正常运行。

（3）挡沙堤长度和挡沙堤堤顶高程直接影响挡沙效果和取水口水质,引潮沟挡沙堤堤长不宜短于 5 000 m,挡沙堤堤顶高程宜不低于 6.00 m;方案 2 - 3 与方案 2 - 1 的沉淀池沉沙效果比较接近,方案 2 - 1 更好一些。与连续取水工况相比,间断取水工况海挡外沉淀池及引潮沟中泥沙平均回淤强度与连续取水工况相比略有减少,同比进入海挡内沉淀池的泥沙量减少更多。

（4）为进一步提高取水水质,引潮沟需延至较深水域,引潮沟挡沙堤相应就长。长期而言,取水工程整体布局对周边海域岸滩演变和水环境的不利影响可能较大。

（5）从保障取水量安全、降低取水口含沙量、取水工程系统中防淤减淤和有利于电厂运行与维护角度看,方案 2 优于方案 1,方案 2 - 1 相对更好,较大断面引潮沟(底宽 80 m、开挖底高程−2 m不变)对保证取水安全更为有利。不过,一旦遭遇取水不利条件(大风浪、低潮位过程或海水结冰等),沉淀池引潮沟取水工程方案取水安全性不足。

从北疆发电厂项目实施后运行可靠性与安全角度考虑,研究单位建议取水工程方案还需要进一步优化,基本思路是:以方案2和/或方案2-1为基础,在保证取水安全(水量与水质)方面进行工程措施优化,如海挡内沉淀池布置优化、在海挡外沉淀调节池进口处设置进水闸以调节沉淀池进水量与进水时机,以及考虑提高沉淀池效用、取水工程防淤减淤措施等。

第 4 章

电厂全天候取水工程方案

鉴于遭遇取水不利条件存在取水安全性不足等问题,研究单位在第一阶段论证结论中实际上仅提出取水工程方案初步推荐布置,并建议进一步优化取水工程方案布置,重点研究解决沉淀池沉淀与蓄水、择机可控补水、提高取水安全和沉积泥沙处置等问题。根据论证结论与专家评审会意见,设计单位提出了取水工程两级沉淀池二道闸方案,两级沉淀池均设置在海挡外。

取水工程两级沉淀池方案(包括排泥场)平面布置,长(离岸方向)与宽(沿岸方向)之比为 1.5~2.6,其外围轮廓大致为矩形,与最初以引潮沟为主体的取水工程方案对较,平面形状(离岸方向)相对细长,相比差别较大。此外,两级沉淀池中采取围堤建闸取水方式,一级沉淀池进水闸前水域波浪和含沙量情况与第一阶段方案也将会有较大差异。需要更新波浪浅水变形数学模型和二维潮流场数学模型计算,以及一级沉淀池堤(闸)前水体含沙量分析确定。对于取水安全(水量、取水水体含沙量)、沉淀池效率等,也需要采用系列物理模型进行相关专题试验研究论证。

4.1 两级沉淀池方案

本阶段设计单位提出取水工程两级沉淀池方案为两个: 两级沉淀池方案 1、两级沉淀池方案 2,其中两级沉淀池方案 2 为重点研究方案。论证过程中根据试验初步结果分析,研究单位提出对两级沉淀池方案 2 布置优化若干措施建议。

4.1.1 取水工程平面布置

1) 两级沉淀池方案 1

采用引潮沟半潮取水方式,在海挡外设置两级沉淀调节池,一级提升泵房。工艺流程为:
渤海湾→引潮沟→一级沉淀调节池→闸门→二级沉淀调节池→取水泵房→压力供水管道→穿越海挡至冷却塔水池和海水淡化处理构筑物

一级沉淀调节池长边垂直海挡布置,二级沉淀调节池设于一级沉淀调节池西侧,沿海挡布置,泵房设于二级调节池西北侧,如图 4-1 和图 4-2 所示。其中,引潮沟取水水面高程为+2.0 m,考虑备淤深度及防冰冻富裕后,引潮沟底高程为-3.0 m、底宽为 50 m、边坡为 1:5,引潮沟进口离海岸约 5 000 m。引潮沟两侧拟建挡沙堤,长度约 2 500 m,堤顶标高+6.0 m。一级沉淀调节池堤长约 2 500 m,堤顶标高+6.0 m;一级沉淀调节池池底标高-4.0 m、池底长约 2 500 m、底宽 200 m。二级沉淀调节池池底标高-4.0 m、长 1 200 m、底宽 400 m,设计蓄水标高+1.5 m。二级沉淀调节池与一级沉淀调节池由上下两级钢闸门连

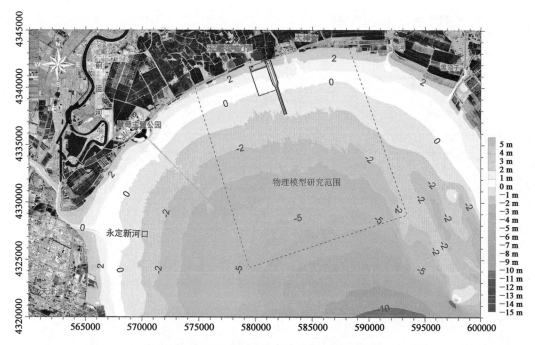

图 4 - 1 取水工程两级沉淀池方案 1 位置示意图

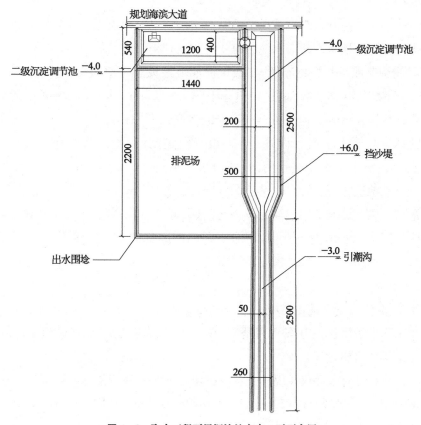

图 4 - 2 取水工程两级沉淀池方案 1 平面布置

接。上部设 6 组钢闸门,闸门槽底标高＋1.5 m、顶标高＋4.0 m、宽 6.0 m;下部设 2 组钢闸门,闸门槽底标高－3.0 m、顶标高－1.0 m、宽 6.0 m,如图 4-3 所示。

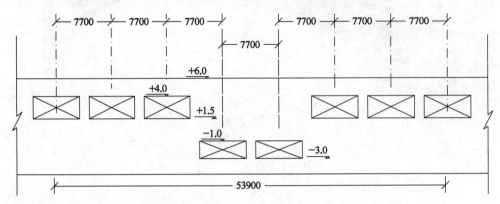

图 4-3 取水工程两级沉淀池方案 1 一级进水闸闸门立面布置示意图(单位: mm)

2) 两级沉淀池方案 2

本方案采用高潮位闸门进水取水方式,在海挡外设置两级沉淀调节池,一级提升泵房。工艺流程为:

渤海湾→一级闸门→一级沉淀调节池→二级闸门→二级沉淀调节池→取水泵房→压力供水管道→穿越海挡至冷却塔水池和海水淡化处理构筑物

一级沉淀调节池垂直海挡布置,二级沉淀调节池设于一级沉淀调节池西北侧布置,泵房设于二级调节池西北侧,如图 4-4 和图 4-5 所示。其中,一级沉淀调节池长约 2 500 m,堤顶标高＋6.0 m,池底标高－4.0 m、池底长 2 033 m、底宽 500 m。一级沉淀调节池入口进水闸门按上下两级设置:上部设 6 组钢闸门,闸门底标高＋2.0 m、顶标高＋4.0 m、宽 6.0 m;下部设 2 组钢闸门,闸门槽底标高 0.0 m、顶标高＋2.0 m、宽 6.0 m。二级沉淀调节池池底标高－4.0 m、底长 1 200 m、底宽 400 m,设计蓄水标高＋1.5 m。二级沉淀调节池与一级沉淀调节池连通处设钢闸门(上部 6 组、下部 2 组),上部闸门槽底标高＋1.5 m、顶标高＋4.0 m、宽 6.0 m;下部钢闸门槽底标高－3.0 m、顶标高－1.0 m、宽 6.0 m,如图 4-6 所示。

3) 两级沉淀池方案 2 优化措施

以取水工程两级沉淀池方案 2 为基础,总体布局、高潮位取水方式和工艺流程不变,提出如下三个优化措施建议:

(1) 一级进水闸前布置双导堤。在一级进水闸外左右两侧修建两条等长导堤,堤顶间距约 230 m,考虑 3 个导堤长度(500 m、1 000 m 和 2 000 m),如图 4-7 所示。该措施意在降低一级进水闸前水体含沙量。

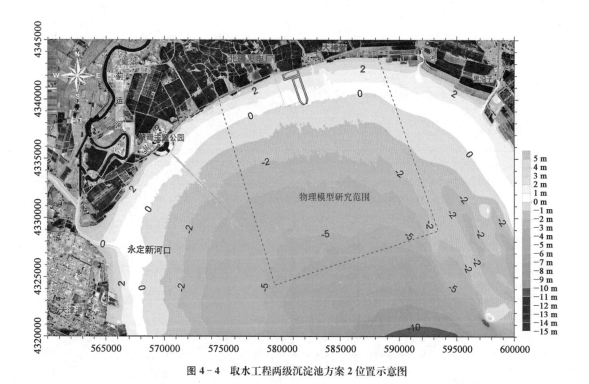

图 4-4　取水工程两级沉淀池方案 2 位置示意图

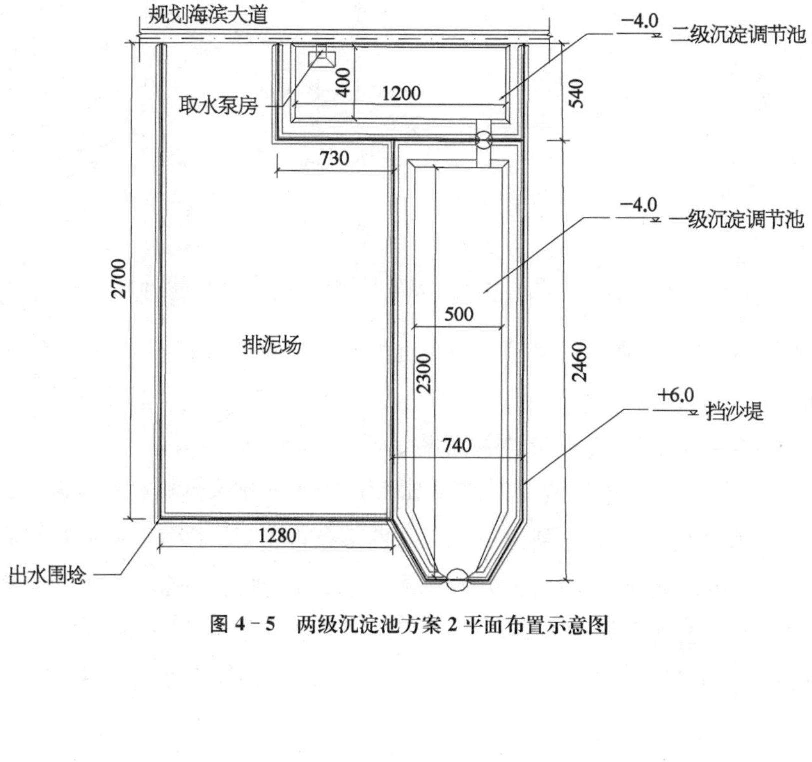

图 4-5　两级沉淀池方案 2 平面布置示意图

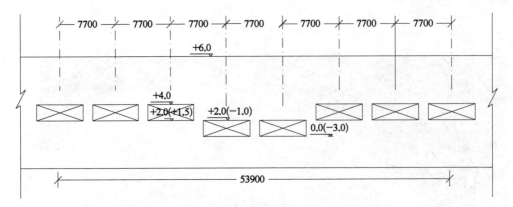

图 4-6　取水工程两级沉淀池方案 2 闸门立面布置示意(单位：mm)

(括号内高程为一级沉淀池进水闸闸门底和顶高程,括号外为二级池闸门高程)

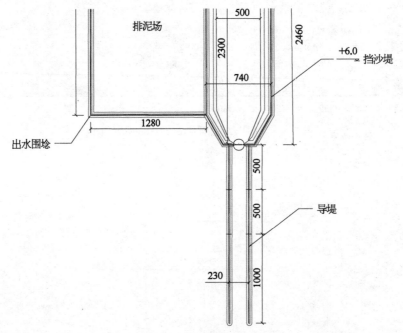

图 4-7　取水工程两级沉淀池方案 2 一级进水闸闸前双导堤布置

(2) 海挡外沉淀调节池布置优化。一级沉淀调节池堤头位置不变,将二级沉淀调节池置于一级沉淀调节池右侧,一级池长度增加至 3 000 m 左右,同时外段约 1 000 m 池底标高加深 2 m 至 -6.0 m;二级沉淀调节池平面尺度不变,池底高程加深 2 m 浚深至 -6.0 m,如图 4-8 所示。该措施意在提高两级沉淀调节池沉淀综合效率和蓄水库容调节总体能力。

(3) 一级闸孔布置优化。在潮位昼夜两涨两落条件下,为了缩短补水时间或提高补水量(效率)、延长一级沉淀池内水体静沉时间,在一级沉淀池进水闸上层闸设计 6 组钢闸门基础上,考虑增加上层闸孔数。在该进水闸闸门过流能力计算中考虑了增添 2 个闸孔和增添 4 个孔闸两个工况,在物理模型试验中增加了上层增添 4 个闸孔一个工况。

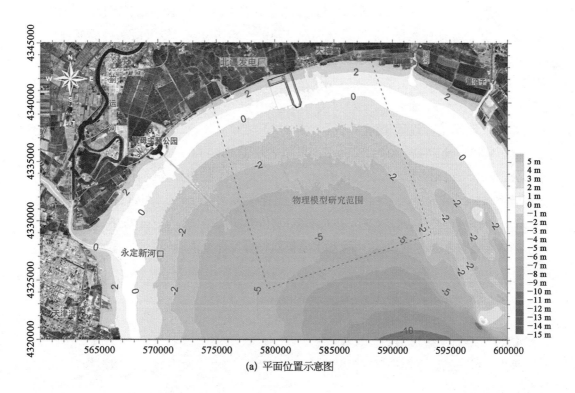

(a) 平面位置示意图

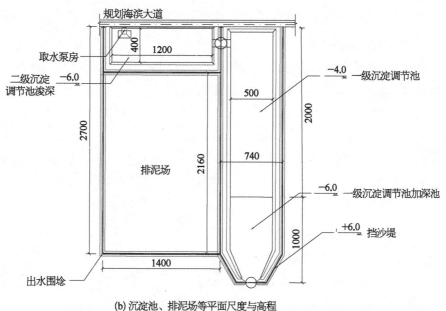

(b) 沉淀池、排泥场等平面尺度与高程

图 4-8　取水工程两级沉淀池方案 2 沉淀调节池平面布置优化

4.1.2 取水工艺流程与取水工程管理运行方式

取水调度工艺为：一级沉淀池通过进水闸控制高潮位择机进水、延长沉淀池内水体静沉时间；一级沉淀池停止补水后二道闸调控将静沉后水体引入二级沉淀池再沉淀，使二级沉淀池取水口水质（含沙量）达到设计要求，取水量安全则由两级沉淀池总库容提供坚实支撑。

4.1.3 取水工程设计指标

电厂装机容量为 $4\times1\,000$ MW，本期装机容量为 $2\times1\,000$ MW。电厂取水用途包含两部分，即电厂冷却用水和海水淡化用水。$2\times1\,000$ MW 机组需连续补水 8.5 m^3/s（即每日水量 73.44×10^4 m^3），$4\times1\,000$ MW 机组需连续补水 18 m^3/s（即每日水量 155.52×10^4 m^3）。二级沉淀池取水口（进入补充水泵）水体含沙量在 0.05 kg/m^3 以下。一级沉淀池进水闸 3 天不进水条件下，取水水量和水质仍然符合设计要求。

4.2 数学模型计算

4.2.1 平面二维波浪数学模型

平面二维波浪数学模型概况见第 3 章 3.4.1 节。这里仅给出数学模型波浪计算工况及其主要结果。

1) 数学模型波浪计算工况

取水工程两级沉淀池方案 2 堤（闸）前波浪计算工况：两个计算水位（+2.56 m 和+3.18 m）与 5 个深水波要素[10]组合。5 个深水波浪要素为：

4 个代表波，即 A：$H_{1/10}=1.36$ m、$T=4.04$ s；B：$H_{1/10}=0.84$ m、$T=3.91$ s；C：$H_{1/10}=0.97$ m、$T=3.98$ s；D：$H_{1/10}=0.65$ m、$T=3.66$ s。

1 个特征波，即 E：$H_{1/10}=2.00$ m、$T=5.39$ s；计算波浪来波方向为 160°。围堤的波浪反射系数取 0.4。

2) 数学模型波浪计算主要结果

不同工况一级沉淀池围堤前水域波高 $H_{1/10}$ 分布计算结果如图 4-9 和图 4-10 所示。表 4-1 列出了各工况围堤前水域波群中前两个最大波高位置与围堤之间的距离。图 4-11 为整体物理模型取水工程方案 2 一级沉淀池进水闸前水域波浪传播情况模拟。可见波浪从外海向岸传播到达围堤前受建筑物反射，无论数模计算还是物理模型模拟结果，波浪反射引起一级沉淀池进水闸前水域波高增大的现象都较为明显。

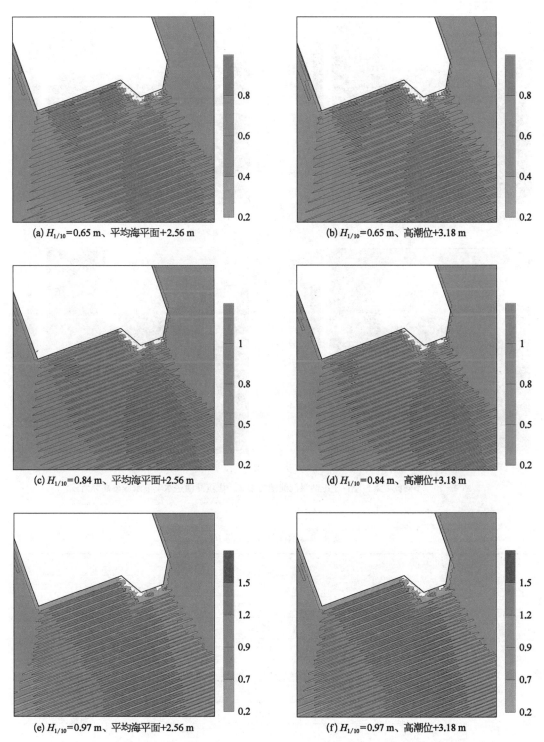

(a) $H_{1/10}$=0.65 m、平均海平面+2.56 m

(b) $H_{1/10}$=0.65 m、高潮位+3.18 m

(c) $H_{1/10}$=0.84 m、平均海平面+2.56 m

(d) $H_{1/10}$=0.84 m、高潮位+3.18 m

(e) $H_{1/10}$=0.97 m、平均海平面+2.56 m

(f) $H_{1/10}$=0.97 m、高潮位+3.18 m

图 4 - 9　不同代表波要素与潮位工况两级沉淀池方案 2 一级沉淀池进水闸前水域波高等值线

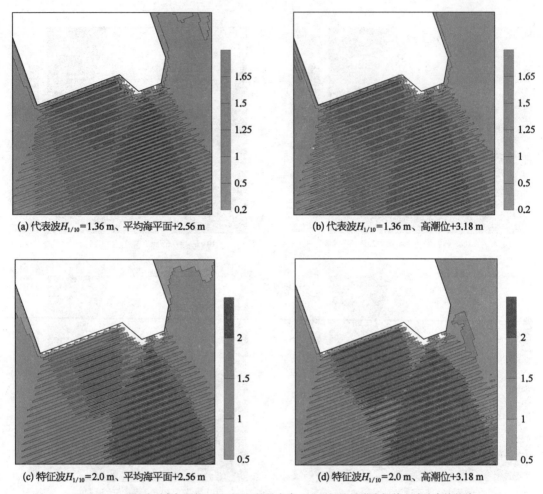

(a) 代表波$H_{1/10}$=1.36 m、平均海平面+2.56 m (b) 代表波$H_{1/10}$=1.36 m、高潮位+3.18 m

(c) 特征波$H_{1/10}$=2.0 m、平均海平面+2.56 m (d) 特征波$H_{1/10}$=2.0 m、高潮位+3.18 m

图 4-10 不同波要素与潮位工况两级沉淀池方案 2 一级沉淀池进水闸前水域波高等值线

表 4-1 围堤前最大波高 $H_{1/10}$

水 位		波 况				
		A	B	C	D	E
+2.56 m	$H_{1/10}$(m)	1.69	1.12	1.26	0.90	2.00
	离堤距离(m)	100	120	110	160	100
	$H_{1/10}$(m)	1.68	1.11	1.26	0.9	2.01
	离堤距离(m)	200	230	220	270	200
+3.18	$H_{1/10}$(m)	1.70	1.12	1.27	0.90	2.12
	离堤距离(m)	100	120	110	160	100
	$H_{1/10}$(m)	1.69	1.12	1.27	0.90	2.13
	离堤距离(m)	200	230	220	270	200

(a) 进水闸前水域侧向看   (b) 进水闸前水域正向看

图 4-11　整体模型模拟两级沉淀池方案 2 一级沉淀池进水闸前水域波况

从图表可以看出,堤前波群中第一个最大波高一般出现在离堤 100～160 m,沿堤垂直方向最大波高位置之间距离为 100～120 m,最大波高随着离堤距离增大而减小,左、右两侧围堤水域波浪反射不明显。受围堤反射影响,堤前最大波高一般比外海波高增大约30%,在 E 组表波要素时,更大波浪在近岸浅水区传播中衰减更多,至堤前水域波高增大值相对较小。

4.2.2　平面二维波浪潮流数学模型

平面二维波浪数学模型概况也见第 3 章 3.4.1 节。这里给出波浪潮流泥沙数学模型计算各工况的主要结果。图 4-12、图 4-13 分别为两级沉淀池方案工程区附近海域涨落急潮流流态、波流流态,图 4-14～图 4-16 分别为不同方案工程区附近海域涨落急垂线平均潮流流速、波流流速和潮流流矢与流速对比,图 4-17、图 4-18 依次为取水工程不同布置方案工程附近海域水体垂线平均含沙量分布和第 1 年泥沙冲淤分布数模计算结果。

计算结果表明:

(1)工程海区单纯潮流往复流特征明显,涨落潮流速向岸减小。波浪叠加潮流,在挡沙导堤外侧形成沿堤流,在挡沙导堤口门附近形成横流,涨潮期间最为突出。工程建筑物两侧附近水域水流趋弱、导堤端部(口门)局部水域流速增大,两级沉淀池方案 1 和两级沉淀池方案 2 闸前 2 km 长双导堤对潮流流态的影响更大一些,但影响范围一般限于离岸5 km 以内。

(2)单纯潮流涨潮时工程海域近岸浅滩水域有较明显浑水带,落潮时附近海域水体较清;波浪叠加潮流条件下工程区水体含沙浓度显著提高。在平常风浪情况下,一级沉淀池口门水体含沙量为 0.5～0.8 kg/m³。

(3)单纯潮流动力作用 2/3 年后,工程区近岸水域出现与海岸线基本平行的淤积带,靠岸浅滩淤积厚度超过 0.5 m,东侧水域淤积宽度明显大于西侧水域。再经过 1/3 年波潮

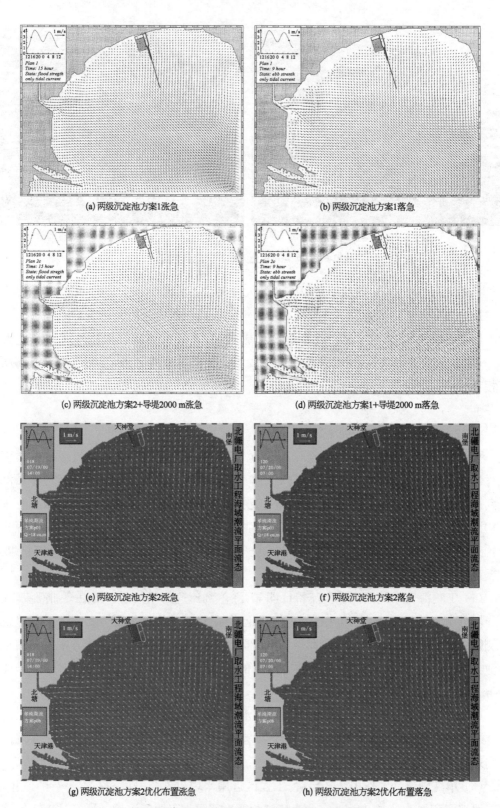

(a) 两级沉淀池方案1涨急

(b) 两级沉淀池方案1落急

(c) 两级沉淀池方案2+导堤2000 m涨急

(d) 两级沉淀池方案1+导堤2000 m落急

(e) 两级沉淀池方案2涨急

(f) 两级沉淀池方案2落急

(g) 两级沉淀池方案2优化布置涨急

(h) 两级沉淀池方案2优化布置落急

图 4 - 12　两级沉淀池方案工程区附近海域潮流流态

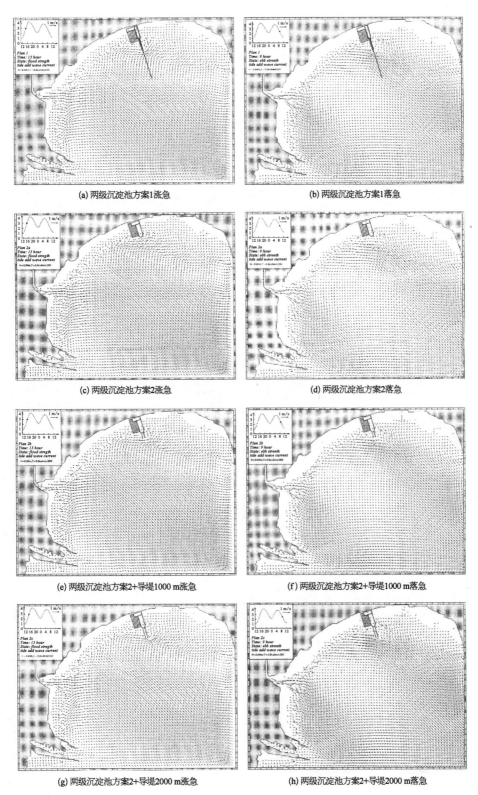

(a) 两级沉淀池方案1涨急

(b) 两级沉淀池方案1落急

(c) 两级沉淀池方案2涨急

(d) 两级沉淀池方案2落急

(e) 两级沉淀池方案2+导堤1000 m涨急

(f) 两级沉淀池方案2+导堤1000 m落急

(g) 两级沉淀池方案2+导堤2000 m涨急

(h) 两级沉淀池方案2+导堤2000 m落急

图 4-13　两级沉淀池方案工程区附近海域波流流态

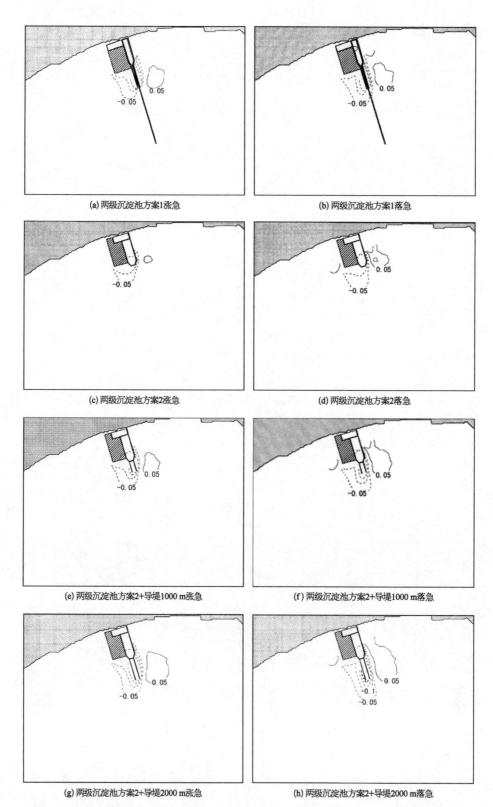

(a) 两级沉淀池方案1涨急

(b) 两级沉淀池方案1落急

(c) 两级沉淀池方案2涨急

(d) 两级沉淀池方案2落急

(e) 两级沉淀池方案2+导堤1000 m涨急

(f) 两级沉淀池方案2+导堤1000 m落急

(g) 两级沉淀池方案2+导堤2000 m涨急

(h) 两级沉淀池方案2+导堤2000 m落急

图 4 - 14 两级沉淀池方案工程前后附近海域潮流垂线流速变化(虚线表示减小、实线表示增大)

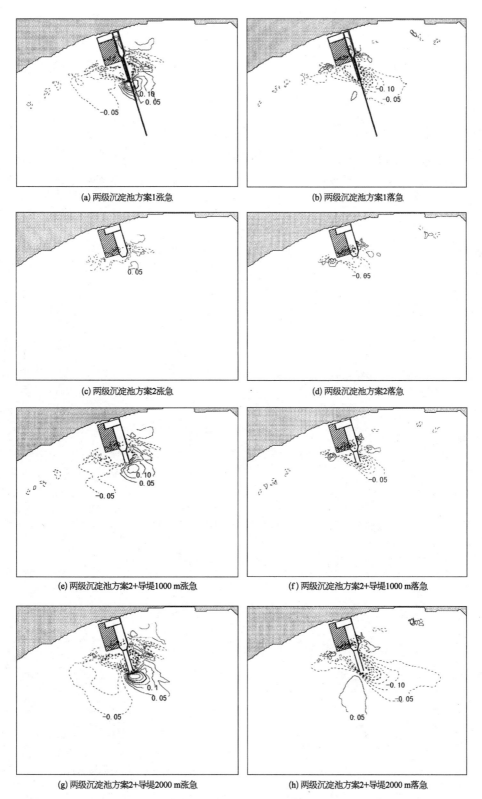

(a) 两级沉淀池方案1涨急

(b) 两级沉淀池方案1落急

(c) 两级沉淀池方案2涨急

(d) 两级沉淀池方案2落急

(e) 两级沉淀池方案2+导堤1000 m涨急

(f) 两级沉淀池方案2+导堤1000 m落急

(g) 两级沉淀池方案2+导堤2000 m涨急

(h) 两级沉淀池方案2+导堤2000 m落急

图 4 - 15 两级沉淀池方案工程前后附近海域波流垂线流速变化(虚线表示减小、实线表示增大)

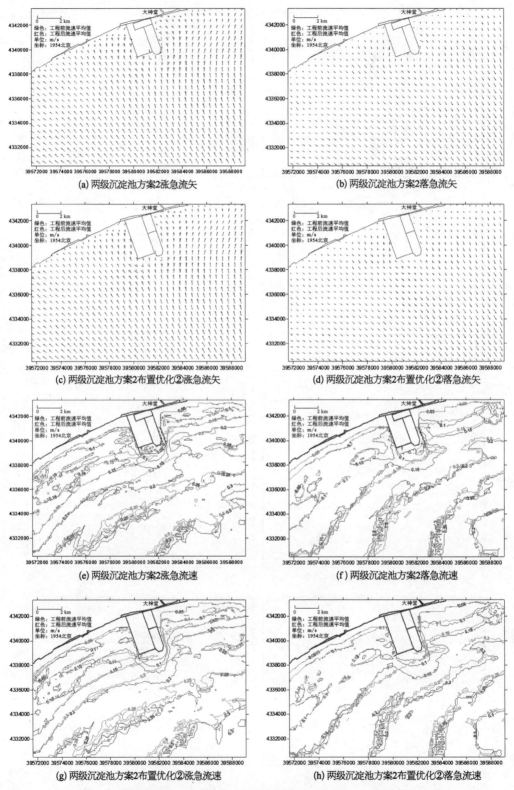

(a) 两级沉淀池方案2涨急流矢

(b) 两级沉淀池方案2落急流矢

(c) 两级沉淀池方案2布置优化②涨急流矢

(d) 两级沉淀池方案2布置优化②落急流矢

(e) 两级沉淀池方案2涨急流速

(f) 两级沉淀池方案2落急流速

(g) 两级沉淀池方案2布置优化②涨急流速

(h) 两级沉淀池方案2布置优化②落急流速

图 4-16　两级沉淀池不同方案工程前后附近水域涨、落急潮流流速矢量和流速对比

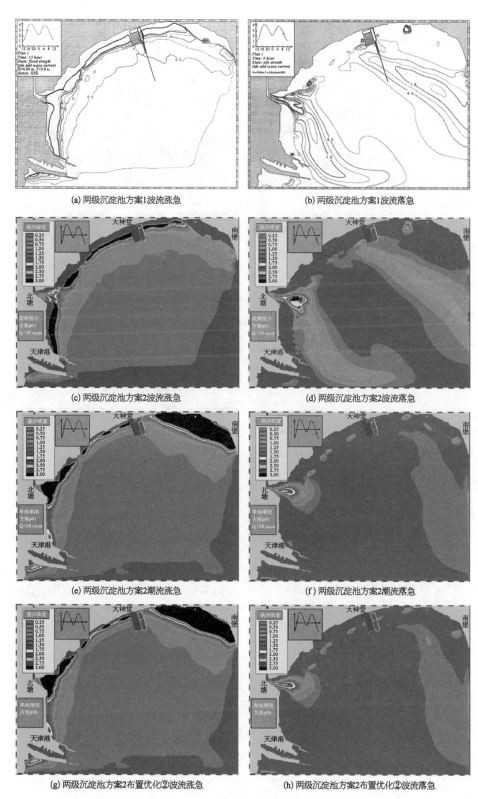

(a) 两级沉淀池方案1波流涨急

(b) 两级沉淀池方案1波流落急

(c) 两级沉淀池方案2波流涨急

(d) 两级沉淀池方案2波流落急

(e) 两级沉淀池方案2潮流涨急

(f) 两级沉淀池方案2潮流落急

(g) 两级沉淀池方案2布置优化②波流涨急

(h) 两级沉淀池方案2布置优化②波流落急

图4-17 两级沉淀池不同方案工程附近水域涨、落急水体含沙量分布计算结果

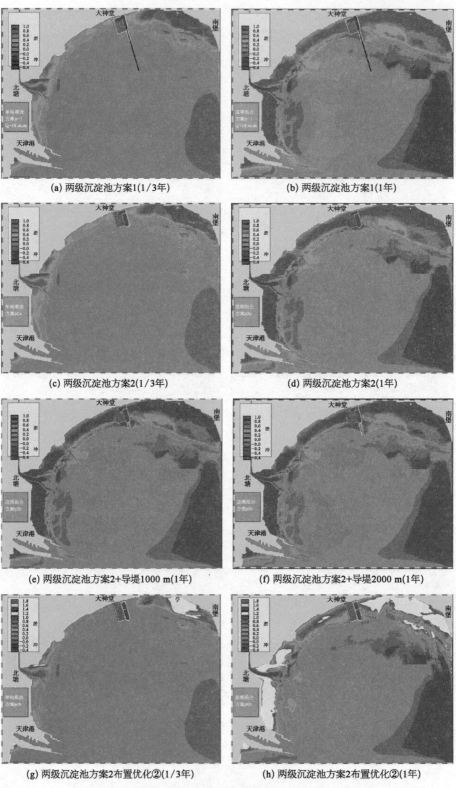

(a) 两级沉淀池方案1(1/3年)

(b) 两级沉淀池方案1(1年)

(c) 两级沉淀池方案2(1/3年)

(d) 两级沉淀池方案2(1年)

(e) 两级沉淀池方案2+导堤1000 m(1年)

(f) 两级沉淀池方案2+导堤2000 m(1年)

(g) 两级沉淀池方案2布置优化②(1/3年)

(h) 两级沉淀池方案2布置优化②(1年)

图 4-18　两级沉淀池不同方案附近海域泥沙冲淤分布计算结果

组合动力作用后,近岸淤积带宽度变化不大,但淤厚增大明显;取水工程建筑物对邻近海床淤积分布影响显著,两级沉淀池方案 1 导堤西侧形成三角状强淤区,第 1 年淤厚超过 1 m,引潮沟导堤东侧淤强稍小但范围较广,引潮沟口门处局部淤积超过 0.5 m。两级沉淀池方案 2 一级沉淀池进水闸外海侧出现大致平行于围堤、宽约 1 km 的淤积体,与东、西两侧 0.5 m 淤积带平顺相连,进水闸附近第 1 年最大淤厚超过 1 m。两级沉淀池方案 2 闸前 1 km 长双导堤和 2 km 长双导堤工况,工程区附近海域淤积分布大致介于两级沉淀池方案 1 与两级沉淀池方案 2 之间。

(4) 取水工程如采用两级沉淀池方案 1,引潮沟导堤口门处局部淤积可能妨碍引潮沟正常取水,引潮沟导堤西侧三角强淤区具有向东发展趋势。两级沉淀池方案 2,有导堤掩护工程布置更好一些;为节省投资,初期可不考虑修堤进水闸前双导堤,或者采用 1 km 双导堤,后期如果掩护效果不足,再延长导堤。

4.3　水体含沙量分析

4.3.1　水动力参数

1) 波浪要素

根据参考文献[5]相关结果,在取水工程两级沉淀池方案 2 布置条件下,一级进水闸前附近水体含沙量分析中,采用的特征波高及某级以上波高出现的频率见表 4-2。

表 4-2　某级以上波高出现频率统计　　　　　　　　　　　　　　(单位:%)

波高 $H_{1/10}$ (m)	灯船站 (依据 1960—1969 年实测资料统计)	灯塔站 (依据 1983 年 5 月—1984 年 5 月实测资料统计)
0.65	23	32
0.84	16	20
1.00	9.9	10
1.36	7	6
2.00	3	0.1

2) 潮流特征流速值

表 4-3 和图 4-19 分析了取水工程前工程区海域实测潮流特征流速与离岸距离之间的关系。结合 4.2 节二维波浪潮流数学模型潮流计算结果和参考文献[5],可见工程区海域潮流基本特性是:涨潮流速明显大于落潮流速,流速与潮差呈稳定正相关关系,离岸越远(水深越大)涨、落潮流流速越大。在两级沉淀池取水工程布置不补水情况下,一级沉淀池进水闸前附近一定范围水域潮流流速略有减小,而在补水期间闸前局部潮流流速有所增大,取水工程东侧涨潮期间局部区域流速有所增大。考虑波流叠加的综合影响,在一级

沉淀池进水闸前含沙量分析计算中,采用表4-3中大潮涨落平均特征流速与离岸距离之间的关系,取得所需位置的潮流特征流速。

表4-3 工程前实测潮流特征流速离岸分布　　　　　　　　(单位:m/s)

测点号	离岸距离(m)	大潮涨落平均	小潮涨落平均	大潮涨潮平均
3#	3 577	0.19	0.12	0.23
1#	3 760	0.18	0.18	0.20
4#	8 638	0.28	0.20	0.31
2#	8 854	0.27	0.18	0.30
5#	12 775	0.29	0.21	0.31
6#	12 816	0.35	0.24	0.40

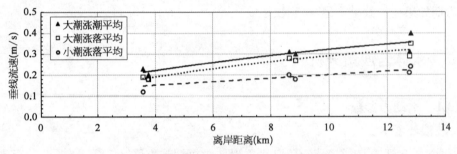

图4-19 工程前实测潮流垂线平均流速与离岸之间关系

4.3.2 进水闸前水体含沙量

根据上述堤(闸)前代表波要素浅水变形计算结果、实测大潮涨落平均特征流速与离岸距离之间关系,以及第3章第2节中3个累计频率典型潮位过程(10%、50%和97%)的平均潮位与2m以上潮位平均潮位等基础资料,运用第2章第3节中水体含沙量分析估算方法,分析计算了取水工程方案2一级沉淀池进水闸前不同水深水体特征含沙量值,结果见表4-4、表4-5。

表4-4　代表波($H_{1/10}=0.65$ m、$P=90.21\%$,$H_{1/10}=0.84$ m、$P=65.90\%$)
平均潮位年平均含沙量估算　　　　　　　　　　(单位:kg/m³)

离岸距离(m)	滩地高程(m)	10%典型潮		50%典型潮		97%典型潮	
		$H_{1/10}=0.65$ m	$H_{1/10}=0.84$ m	$H_{1/10}=0.65$ m	$H_{1/10}=0.84$ m	$H_{1/10}=0.65$ m	$H_{1/10}=0.84$ m
3 000	0.0	1.09	1.16	1.23	1.30	2.49	2.12
4 000	−0.5	0.56	0.54	0.61	0.59	1.00	0.90
5 000	−1.0	0.49	0.46	0.53	0.49	0.77	0.67
6 000	−1.5	0.44	0.41	0.47	0.43	0.62	0.52
7 000	−1.9	0.41	0.38	0.43	0.40	0.54	0.45
8 000	−2.2	0.40	0.36	0.42	0.38	0.50	0.41

(续表)

离岸距离(m)	滩地高程(m)	10%典型潮		50%典型潮		97%典型潮	
		$H_{1/10}=0.65$ m	$H_{1/10}=0.84$ m	$H_{1/10}=0.65$ m	$H_{1/10}=0.84$ m	$H_{1/10}=0.65$ m	$H_{1/10}=0.84$ m
9 000	−2.7	0.37	0.33	0.39	0.35	0.45	0.35
10 000	−3.0	0.35	0.32	0.37	0.34	0.42	0.33
11 000	−3.3	0.34	0.31	0.36	0.32	0.41	0.31
12 000	−3.7	0.33	0.29	0.34	0.30	0.38	0.29

注：表中含沙量值为采用式(2-1)与式(2-2)估算值之平均值，下同。

表 4-5 代表波($H_{1/10}=0.65$ m、$P=90.21\%$，$H_{1/10}=0.84$ m、$P=65.90\%$)高潮位平均年平均含沙量估算　　　　(单位：kg/m³)

离岸距离(m)	滩地高程(m)	10%典型潮		50%典型潮		97%典型潮	
		$H_{1/10}=0.65$ m	$H_{1/10}=0.84$ m	$H_{1/10}=0.65$ m	$H_{1/10}=0.84$ m	$H_{1/10}=0.65$ m	$H_{1/10}=0.84$ m
3 000	0.0	0.86	0.98	0.88	1.00	1.23	1.30
4 000	−0.5	0.47	0.49	0.47	0.50	0.61	0.59
5 000	−1.0	0.42	0.43	0.43	0.44	0.53	0.49
6 000	−1.5	0.38	0.39	0.39	0.40	0.47	0.43
7 000	−1.9	0.36	0.37	0.37	0.37	0.43	0.40
8 000	−2.2	0.35	0.36	0.36	0.36	0.42	0.38
9 000	−2.7	0.33	0.33	0.34	0.33	0.39	0.35
10 000	−3.0	0.32	0.32	0.33	0.33	0.37	0.34
11 000	−3.3	0.31	0.32	0.32	0.32	0.36	0.32
12 000	−3.7	0.30	0.30	0.30	0.30	0.34	0.30

表 4-6 给出了不同特征波高平均潮位条件下一级沉淀池进水闸前水体含沙量计算结果比较。从表中可以看出，随着外海波高增大，一级沉淀池进水闸前水体含沙量迅速增大；在低潮位过程中较大波浪时，闸前水体含沙量较大，此时有可能发生波浪破碎。

表 4-6 平均潮位条件下各特征波要素一级闸前水体含沙量计算结果比较　　　(单位：kg/m³)

外海 $H_{1/10}$(m)	10%典型潮		50%典型潮		97%典型潮	
	式(2-1)	式(2-2)	式(2-1)	式(2-2)	式(2-1)	式(2-2)
0.65	1.21	1.35	1.34	1.54	2.46	3.25
0.84	1.51	2.08	1.66	2.35	2.66	3.83
0.97	1.87	3.03	2.08	3.49	2.86	4.30
1.36	2.47	5.69	2.96	6.55	3.74	7.00
2.19	8.02*/2.74	7.14	8.07*/3.09	7.55	8.51*/3.98	7.74

注：表中带*的数据是式(2-1)波浪破碎时的计算结果。

计算结果还表明，在相同波要素与水深条件下，依据式(2-1)、式(2-2)水体含沙量估算值在较深水域接近，而在浅水区域有些差异，反映两个计算公式中波浪动力因子对含沙量的影响程度有所不同。

根据以往研究经验，以两组年代表波要素（$H_{1/10} = 0.65\,\text{m}$、$P = 90.21\%$，$H_{1/10} = 0.84\,\text{m}$、$P = 65.90\%$）条件含沙量推算值为依据，综合确定取水工程两级沉淀池方案 2 一级闸前年平均水体含沙量取值范围见表 4-7。与工程前该处（离岸 3 km，0 m 等深线附近）年平均水体含沙量（以 0.62～0.76 kg/m³ 的均值）0.69 kg/m³ 相比，50% 典型潮平均潮位条件下含沙量为 1.07～1.53 kg/m³，增大了 55.1%～121.7%；50% 典型潮高潮位平均条件下含沙量为 0.84～1.15 kg/m³，增大了 21.7%～66.7%。可见，拟建取水工程附近水体含沙量随工程平面布置不同而有较明显差异。

表 4-7 两级沉淀池方案 2 一级沉淀池进水闸前水体垂线平均含沙量 （单位：kg/m³）

波要素	潮 位	10% 典型潮	50% 典型潮	97% 典型潮
年代表波	平均潮位	0.97～1.35	1.07～1.53	1.72～2.87
	高潮位平均	0.82～1.12	0.84～1.15	1.07～1.53

4.3.3 沉淀池内风浪引起水体含沙量

1）沉淀池小风区风浪要素推算

两级沉淀池方案 2 或其优化布置，沉淀池水域面积较大，易产生小风区波浪。根据第一阶段研究成果报告中关于取水工程区相关风资料统计和推算，应用《海港水文规范》推荐的风浪要素计算公式，对一级沉淀调节池偏南向风和二级沉淀调节池偏东向风作用下风浪要素进行计算，沉淀池水深分别按 3 m、4 m、5 m、6 m 和 7 m 考虑，沉淀池滩地平均水深以 1 m 考虑，平常风速和不同重现期极值风速见表 4-8，风浪要素计算结果见表 4-9（水深 1 m、3 m、4 m 相应波浪要素系根据表 4-9 计算结果趋势推延得到，并认为 25 年一遇以上风况滩地上有水时波浪已破碎）。

表 4-8 风浪计算风速 （单位：m/s）

位 置	风向	平常风速			不同重现期极值风速				
					2 年一遇	5 年一遇	10 年一遇	25 年一遇	50 年一遇
一级沉淀池	S 向	6.7	9.4	12.3	13.5	16.5	18.9	21.8	23.9
二级沉淀池	E 向	6.7	9.4	12.3	16.9	20.3	22.7	25.2	26.9

表 4-9 不同风速下沉淀池中的风浪要素计算结果

沉淀池	水深(m)	平常风速						不同重现期极值风速(m/s)								
		6.7 m/s		9.4 m/s		12.3 m/s		2 年一遇		5 年一遇		10 年一遇		25 年一遇		50 年一遇	
		H_s	$\bar{T}$	H_s	$\bar{T}$	H_s	$\bar{T}$	H_s	$\bar{T}$	H_s	$\bar{T}$	H_s	$\bar{T}$	H_s	$\bar{T}$	H_s	$\bar{T}$
一级	5	0.18	1.0	0.28	1.68	0.40	1.93	0.45	2.02	0.57	2.22	0.66	2.35	0.77	2.48	0.85	2.56
	6	0.18	1.40	0.28	1.68	0.40	1.94	0.45	2.03	0.58	2.24	0.68	2.39	0.80	2.54	0.88	2.63
	7	0.18	1.40	0.28	1.68	0.40	1.94	0.45	2.04	0.58	2.26	0.69	2.41	0.82	2.57	0.91	2.68

(续表)

沉淀池	水深(m)	平常风速						不同重现期极值风速(m/s)									
		6.7 m/s		9.4 m/s		12.3 m/s		2 年一遇		5 年一遇		10 年一遇		25 年一遇		50 年一遇	
		H_s	$\overline{T}$	H_s	$\overline{T}$	H_s	$\overline{T}$	H_s	$\overline{T}$	H_s	$\overline{T}$	H_s	$\overline{T}$	H_s	$\overline{T}$	H_s	$\overline{T}$
二级	5	0.15	1.25	0.24	1.50	0.34	1.73	0.50	2.03	0.62	2.21	0.62	2.21	0.79	2.41	0.85	2.47
	6	0.15	1.25	0.24	1.50	0.34	1.73	0.51	2.04	0.64	2.23	0.64	2.23	0.82	2.46	0.88	2.53
	7	0.15	1.25	0.24	1.50	0.34	1.73	0.51	2.05	0.64	2.05	0.64	2.25	0.84	2.49	0.90	2.57

推算结果表明,随风速增高有效波高逐渐增大。一级沉淀池在偏南向平常风速、50 年一遇极值风速作用下,沉淀池内有效波高(H_s)分别为小于 0.4 m 和 0.9 m。在偏东向平常风速、50 年一遇极值风速作用下,二级沉淀池有效波高分别为小于 0.34 m 和 0.9 m。

2) 小风区风浪条件下沉淀池水体含沙量

采用式(2-1)和式(2-2)计算不同风况条件下一级淀池内水体含沙量变化,结果见表 4-10。计算时仅考虑风浪引起的沉淀池内水流流速。此外,式(2-1)中风速项取为零,以免重复计算风吹作用。

表 4-10 不同风浪引起一级沉淀池内含沙量变化估算

风浪条件	水深(m)	含沙量(kg/m³)			风浪条件	水深(m)	含沙量(kg/m³)		
		式(2-1)	式(2-2)	平均值			式(2-1)	式(2-2)	平均值
平常浪	1	0.029	0.028	0.028	25 年一遇	1	0.875	4.636	2.756
	3	0.010	0.010	0.010		3	0.128	0.447	0.287
	4	0.006	0.005	0.005		4	0.076	0.239	0.158
	5	0.004	0.003	0.003		5	0.050	0.143	0.097
	6	0.003	0.002	0.002		6	0.037	0.099	0.068
	7	0.002	0.001	0.002		7	0.028	0.071	0.049
2 年一遇	1	0.181	0.435	0.308	50 年一遇	1	1.042	6.019	3.530
	3	0.065	0.163	0.114		3	0.196	0.848	0.522
	4	0.037	0.079	0.058		4	0.122	0.480	0.301
	5	0.023	0.045	0.034		5	0.084	0.306	0.195
	6	0.016	0.029	0.023		6	0.062	0.215	0.139
	7	0.012	0.020	0.016		7	0.049	0.162	0.105
10 年一遇	1	0.723	3.483	2.103					
	3	0.128	0.447	0.287					
	4	0.076	0.239	0.158					
	5	0.050	0.143	0.097					
	6	0.037	0.099	0.068					
	7	0.028	0.071	0.049					

计算结果表明,在相同风浪条件下,沉淀池内水深越大,风浪引起含沙量变化越小;沉淀池内水深相同,风浪越大引起沉淀池内含沙量变化越显著。在平常风浪条件下,一级沉淀池不同水深运行工况水体含沙量变化非常小,滩地水域含沙量也很小,沉淀池内水质几乎不受影响。沉淀池水深 3 m 以下运行工况 2 年一遇风浪引起水体含沙量变化较为显著,尤其在滩地水域含沙量增大较多,可能影响沉淀池内局部水质。在 10 年一遇和 25 年一遇风浪条件下,沉淀池内水深小于 4 m 运行工况风浪引起水体含沙量明显增大,滩地水域含沙量大幅增加,将对沉淀池沉淀效率和取水水质产生显著不利影响。如果发生 50 年一遇风浪,即使沉淀池为较大水深运行工况,风浪引起水体含沙量增加较大,滩地水域含沙量增加超过了 3.5 kg/m³(此结果为假定滩地可以充分供沙),可能严重影响沉淀池沉淀效率和电厂取水水质。

根据推算结果,为了尽可能消减小风区波浪对沉淀池水质的不利影响,提出如下建议:

(1)沉淀池底高程尽可能定低一些,特别是二级沉淀池底高程最好低于−5.0 m。

(2)沉淀池尽量维持较大水深运行工况,大风期间蓄水水位最好应在+2.0 m 以上。

(3)沉淀池内四周滩地区采取生物固滩或消浪措施(如种植适应当地海滩生长的植物等),既可改善生态环境,又能在一定程度上减少泥沙再悬浮。

4.4 系列物理模型试验

4.4.1 一级进水闸进水能力局部正态模型

1)模型概况

本研究阶段取水工程两级沉淀池方案 2,其一级沉淀调节池采用分上下两组闸孔进行间断性补水,上层闸门初步设计为 6 孔,闸孔高程为 2.00～4.00 m;下层设置 2 孔,闸孔高程为 0.00～2.00 m;闸孔宽度 6.00 m;调节池底高程为−4.00 m。

在设计取水典型潮位过程确定的前提下,准确预测一级闸门进水能力是决定闸门设计规模和取水工程造价的关键。为此,需要采取恒定流正态水工模型,试验研究变水头和不同淹没度条件下闸孔的进水能力,给出典型潮位过程中闸孔综合流量系数,以此分析计算典型潮位过程一级沉淀调节池补水量,并与闸孔进水、沉淀池蓄水非恒定流模拟进水量试验结果进行相互验证,为确定一级闸门设计规模提供科学依据。

采用 Fr 数相似准则设计正态模型,比尺为 1:15。模拟上下两组闸门各一孔闸门进行进水闸进水能力试验。为避免行进流速影响,模型水池宽度大于闸孔净宽的 10 倍为 5.0 m,模型水池长度为闸孔净宽 20 倍以上,水池底高程低于−4.00 m。水闸采用有机玻璃制造,模型精度控制在 1 mm 以内,模型上下游水池均设置调水设施。模型平面布置如图 4-20 所示。

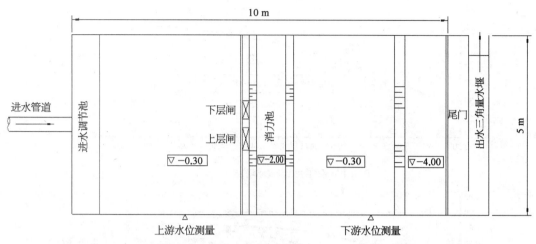

图 4‑20　两级沉淀池方案 2 一级进水闸进水能力(局部正态)物理模型平面布置

2）试验结果

（1）一级进水闸下层进水闸底板以选择实用低堰或宽顶堰、上层进水闸底板选择实用堰为宜,堰顶宽度为 2.00 m,同时将上游侧面设为直立面(图 4‑21);试验堰型的流量系数符合典型堰型流量系数的变化范围,淹没系数也具有很好的变化规律(图 4‑22 和表 4‑11、表 4‑12)。

（2）对于 97％、50％和 10％三种分析潮型,按从高高潮到低高潮顺序计算和按从低高潮到高高潮顺序计算的进水量差别不大(图 4‑23 和表 4‑13);相同频率的分析潮和典型潮进水量计算结果基本相同(表 4‑14)。

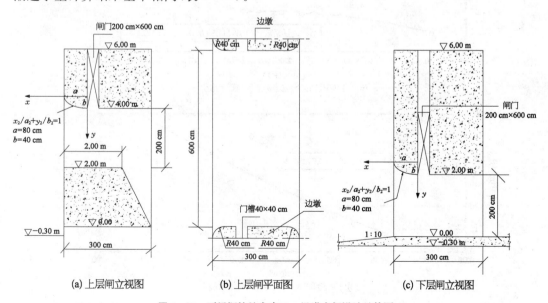

图 4‑21　两级沉淀池方案 2 一级进水闸设计结构图

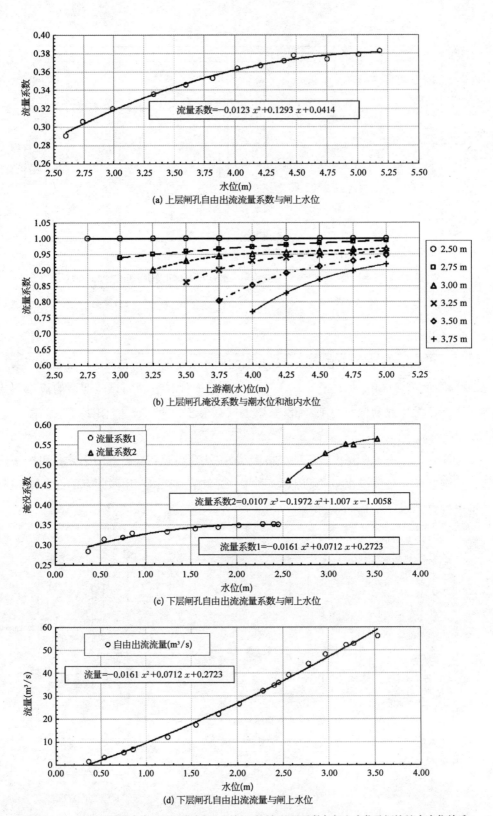

(a) 上层闸孔自由出流流量系数与闸上水位

(b) 上层闸孔淹没系数与潮水位和池内水位

(c) 下层闸孔自由出流流量系数与闸上水位

(d) 下层闸孔自由出流流量与闸上水位

图 4 - 22 两级沉淀池方案 2 一级进水闸上层闸、下层闸流量系数与闸上水位及沉淀池内水位关系

表 4-11 两级沉淀池一级闸下层闸孔自由出流流量系数试验结果

潮水位(m)	堰上水头(m)	流量(m³/s)	流量系数
0.36	0.36	1.64	0.285
0.54	0.54	3.36	0.314
0.75	0.75	5.54	0.319
0.85	0.85	6.85	0.329
1.24	1.24	12.20	0.333
1.55	1.55	17.43	0.341
1.80	1.80	22.13	0.344
2.02	2.02	26.67	0.349
2.28	2.28	32.28	0.352
2.40	2.40	34.71	0.352
2.45	2.45	35.84	0.351
2.56	2.56	39.16	0.460
2.78	2.78	44.06	0.497
2.96	2.96	48.16	0.527
3.19	3.19	52.25	0.550
3.27	3.27	52.81	0.549
3.53	3.53	56.16	0.563

表 4-12 两级沉淀池一级闸闸前不同潮水位和池内水位下层闸孔泄流淹没系数试验结果

潮水位(m)	堰上水头(m)	池水位(m)	流量(m³/s)	淹没系数 σ
1.017	1.017	0.447	9.189	1.031
1.097	1.097	0.884	9.059	0.901
1.503	1.503	0.507	17.051	1.025
1.517	1.517	1.007	16.724	0.991
2.004	2.004	0.990	26.118	0.993
1.992	1.992	1.125	25.816	0.991
2.471	2.471	0.985	35.805	0.983
1.985	1.985	1.464	24.538	0.948
2.511	2.511	1.491	36.618	0.980
2.498	2.498	1.991	29.134	0.786
3.194	3.194	2.226	47.595	0.921
2.766	2.766	2.504	24.567	0.564
3.033	3.033	2.526	34.247	0.701
3.044	3.044	2.739	26.027	0.531
3.015	3.015	1.751	48.163	0.992

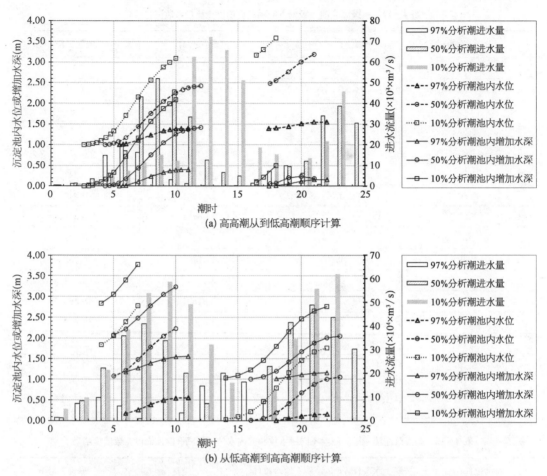

(a) 高高潮从到低高潮顺序计算

(b) 从低高潮到高高潮顺序计算

图 4 - 23 两级沉淀池方案 2 一级进水闸计算进水量与沉淀池内水位及其增加水深之间关系

（累积频率 97％、50％和 10％分析潮，97％分析潮即采用 97％典型低潮位设计潮型）

表 4 - 13 三个分析潮不同补水顺序两级沉淀池方案 2 一级池内水位(进水量)计算结果比较 （单位：m）

补水顺序	97％潮型		50％潮型		10％潮型	
	第一个高潮补水	全潮补水	第一个高潮补水	全潮补水	第一个高潮补水	全潮补水
高高潮—低高潮	1.40	1.56	2.42	3.19	3.09	3.59
低高潮—高高潮	1.16	1.55	2.05	3.23	2.76	3.77

表 4 - 14 两级沉淀池方案 2 上层 6 孔闸一级池不同起始水位三个典型潮进水量计算结果比较 （单位：m）

一级池起始水位	97％潮型		50％潮型		10％潮型	
	高高潮补水	全潮补水	高高潮补水	全潮补水	高高潮补水	全潮补水
＋1.0 m	1.52	1.52	2.52	3.29	3.01	3.73
＋1.0 m(分析潮)	1.40	1.56	2.42	3.19	3.09	3.59
＋1.5 m	2.02	2.02	2.94	3.36	3.37	3.85
＋2.0 m	2.50	2.50	3.28	3.47	3.58	3.91

（3）一级进水闸上层 6 孔闸门进水，一级池内初始水位为 1.0～2.0 m，计算得到池内水位：97％典型潮为 1.5～2.5 m，50％典型潮在 3.29～3.46 m，10％典型潮在 3.73～3.91 m（图 4-24）。50％典型潮、一级池内初始水位 1.0 m、在高高潮过程开闸进水条件下，计算得到进水闸上层 8 孔闸和 10 孔闸工况池内水位分别为 2.93 m 和 3.20 m。在 97％低潮位过程条件下，上层闸分别为 6 孔、8 孔和 10 孔并增开下层 2 孔闸，在高高潮过程中，一级池内从初始水位 1.0 m 可以分别补至 2.76 m、2.84 m 和 2.96 m（表 4-15 和图 4-25）。

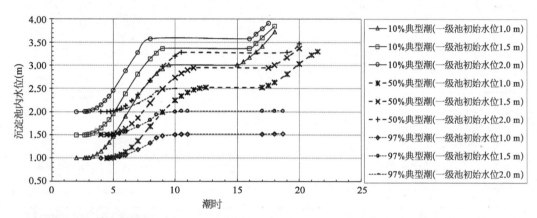

图 4-24　两级沉淀池方案 2 三个典型潮一级沉淀池不同初始水位补水沉淀池内水位变化计算结果比较

表 4-15　方案 2 上层闸孔分别为 6 孔、8 孔和 10 孔高高潮补水计算结果　　　　（单位：m）

一级池内起始水位	6 孔闸门		8 孔闸门	10 孔闸门
	高高潮补水	全潮补水	高高潮补水	高高潮补水
50％典型潮	2.52	3.29	2.93	3.20
97％典型潮	2.76（＋下层 2 孔）		2.84（＋下层 2 孔）	2.96（＋下层 2 孔）

注：沉淀池内起始水位均为＋1.0 m。

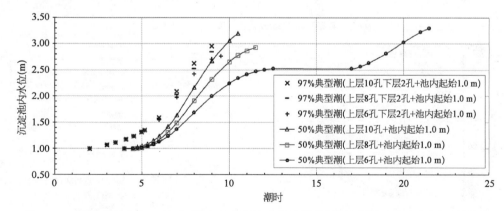

图 4-25　两级沉淀池方案 2 两个典型潮一级进水闸不同闸孔数量补水量计算与沉淀池内水位之间关系

（4）两级沉淀池方案 2 一级沉淀池面积扩大 680 m×527.5 m，一级池内初始水位仍为 1.0 m。工况计算结果如下：上层闸 6 孔、8 孔、10 孔进水闸一级池补水水位，97％典型潮依次为 1.43 m、1.57 m、1.71 m，50% 典型潮依次为 3.01 m、3.36 m、3.52 m，10% 典型潮依次为
3.64 m、3.81 m、3.92 m；上层 6 孔、8 孔、10 孔加下层 2 孔闸共同进水，97% 典型潮池内补水水
位依次为 2.59 m、2.67 m、2.79 m，比只开上层闸水位分别增加 1.16 m、1.10 m、1.08 m（表 4-16
和图 4-26），即仅从增加补水量角度看，低潮位过程增开下层闸比增开上层闸更加有效。

表 4-16　两级沉淀池方案 2 一级池布置优化上层闸不同闸孔典型潮进水量计算结果比较　　（单位：m）

闸　孔	10%潮型		50%潮型		97%潮型	
	高高潮补水	全潮补水	高高潮补水	全潮补水	高高潮补水	全潮补水
上层 6 孔	2.74	3.64	2.26	3.01	1.42	1.43
上层 8 孔	3.18	3.81	2.64	3.36	1.56	1.57
上层 10 孔	3.42	3.92	2.97	3.52	1.71	1.71
上层 6 孔*						2.59
上层 8 孔*						2.67
上层 10 孔*						2.79

注：一级沉淀池优化指南围堤位置，二级沉淀池布置在一级沉淀池的右侧，以此增加一级沉淀池面积约 358 700 m²
（680 m×527.5 m）；*表示＋下层 2 孔；沉淀池内起始水位均为＋1.0 m。

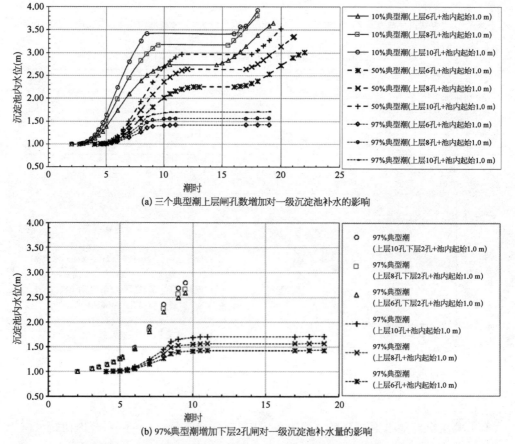

(a) 三个典型潮上层闸孔数增加对一级沉淀池补水的影响

(b) 97% 典型潮增加下层 2 孔闸对一级沉淀池补水量的影响

图 4-26　两级沉淀池方案 2 一级沉淀池优化三个典型潮进水闸不同闸孔数量补水量计算沉淀池内水位比较

（5）根据进水水流流态、流速分布和消能率计算，提出将消力池池长调整为 20 m，底高程调整为 −2.00 m，具有较好的消能效果。进水闸处于淤泥质海岸，建议按照水闸设计规范要求对下游进行必要的防护（图 4‑27、图 4‑28）。

(a) 上层闸潮水位3.00 m、池内水位1.5 m　　　　(b) 上层闸潮水位4.50 m、池内水位2.75 m

图 4‑27　两级沉淀池方案 2 一级进水闸进水能力（局部正态）物理模型流态试验

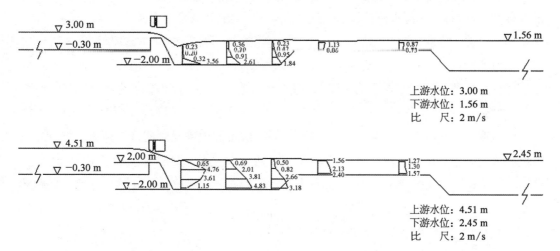

图 4‑28　两级沉淀池方案 2 一级进水闸上层闸纵剖面流速图（下游消能防护效果）

4.4.2　取水工程取水安全性试验

取水安全性包含取水水量安全和取水水质安全两个方面，它是衡量取水工程方案优劣的重要指标之一。针对不同研究问题共进行了 4 个专项物理模型试验，采用的物理模型分别为：波浪潮流共同作用下泥沙整体物理模型（简称"大变率模型"）、非恒定流沉淀池沉淀效率物理模型（简称"小变率模型"）、恒定流进水闸过流能力局部正态模型（简称"局部正态模型"）和非恒定流进水闸进水沉淀调节池蓄水概化正态模型（简称"概化正态模型"）。在这 4 个模型中都涉及闸孔过流能力和沉淀池蓄水水位变化过程的相似问题。按照试验研究相关规程要求,闸孔过流能力要求采用大比尺正态模型进行模拟试验,而受选择模型沙等所限制,涉及泥沙问题的模型必须为变率模型。因此,在采用概化正态模型研究两级沉淀池方案2取水量安全性问题的同时,有必要对上述两个变率模型进水闸过流能力及沉淀调节池蓄水过程模拟的相似性进行论证,以确保变率模型泥沙问题试验成果的合理性和可靠性。除此之外,在变率模型闸孔过流能力模拟相似的基础上,可利用变率模型模拟范围大、试验周期相对较短等特点,较广泛地讨论取水工程方案各试验工况取水安全性问题,为工程设计和将来的工程运行应用提供科学依据。

1) 模型简介

波浪潮流泥沙整体物理模型(即大变率模型):水平比尺为450、垂直比尺为64、变率约为7,其他见第4.3.1节。取水水质试验工况:二级沉淀调节池初始水位+1 m,外海涨潮过程中当一级沉淀池潮位高于+2 m时,开启上层6孔闸门进行二级沉淀池补水;二级池初始水位+1 m,二级池内水位与一级沉淀池潮位持平时即关闭闸门,此时二级池开始连续取水,流量为18 m³/s。在下一个涨潮过程中,一级沉淀池潮位高于二级池内水位时,继续开闸补水,直至两池水位持平时关闭闸门,以此类推。试验外海潮型为累计频率10%典型潮位过程。在取水口、二级池闸前、一级沉淀池扩大段(简称"喇叭口")和挡沙堤口门等处布设浊度仪,对各测点处的垂线平均含沙量(简称"含沙量")进行监测。

非恒定流沉淀池沉淀效率物理模型(即小变率模型):满足水流运动和泥沙沉降两个相似准则为基础,水平比尺为100、垂直比尺为40、变率为2.5,模型尺度为14 m×40 m,模型布置如图4-29所示。采用木粉作为模型沙;一级沉淀池进水闸前按设计典型潮位过程由电脑控制翻板式尾门模拟控制,根据一级沉淀池进水闸前水体含沙量分析计算结果,含沙量有1.5 kg/m³、3.0 kg/m³和8.0 kg/m³三个级次变化,由加沙装置控制;通过水泵由转子流量计控制电厂取水流量,含沙量采用光电测沙仪监测,并定时使用精密天平称重率定系数,水位通过跟踪水位仪由电脑采样处理。

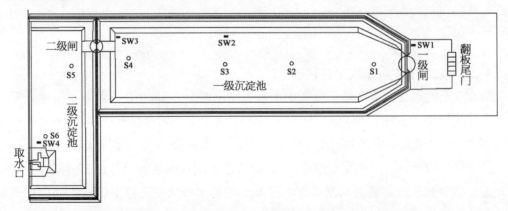

图4-29 两级沉淀池方案2非恒定流沉淀池沉淀效率物理模型(小变率模型)平面与测点布置示意图

小变率物理模型的时间比尺较小,模型尺度相对较大,对水质的模拟更精确一些,但难以模拟长时间水质的变化状况。因此,其试验结果侧重体现各种复杂工况沉淀调节池中流态与水质的变化过程趋势。小变率模型试验工况一部分与整体模型相同,另一部分为研究各种工况的取水水质而专门设计。取水工况的一般设计:外海涨潮过程中,当潮位高于+2 m 时开启一级闸上层 6 孔闸门进行一级沉淀池补水。取水水质试验中一、二级池初始水位一般为+1.5 m。二级池内连续取水流量分别为 8.5 m³/s 和 18 m³/s。选用 10%、50% 和 97% 作为试验控制潮型。为了尽量提高取水口水质(含沙量尽可能低),在存水量允许条件下,二级闸一般在一级沉淀池补水完毕后 5 h 才开启,使悬沙尽量在一级沉淀池内沉降落淤。

恒定流进水闸过流能力局部正态模型(即局部正态模型):以满足重力相似和阻力相似准则为基础,水平比尺和垂直比尺均为 15,其他见 4.4.1 节。局部正态模型为闸孔堰型和闸下消能设计提供依据,进行一级进水闸过流能力试验。同时,试验成果也为计算不同设计潮型条件下一级进水闸过流能力提供相关必要参数。

非恒定流进水闸进水沉淀调节池蓄水概化正态模型(即概化正态模型):以满足重力相似和阻力相似准则为基础,该正态水工模型比尺为 64,试验中取一孔闸门和 1/6 沉淀池容积进行概化,模拟一个典型潮位过程中一级沉淀池进水量和蓄水水位变化过程,用以校核两个变率模型中两级沉淀池方案 2 及其布置优化一级闸门实际进水量。概化正态模型布置和模型如图 4-30、图 4-31 所示。

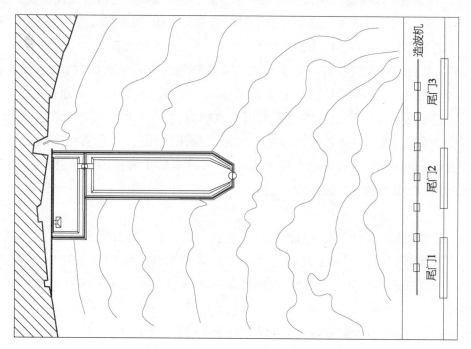

图 4-30 两级沉淀池方案 2 概化正态物理模型平面布置示意图

(a) 两级沉淀池方案2布置　　　　　　　　　　　　(b) 两级沉淀池方案2布置优化

图 4 - 31　两级沉淀池方案 2 概化正态物理模型

2）试验研究结果

（1）涉及闸孔过流能力以概化正态模型试验结果为准，整体模型、小变率模型过流能力试验结果与概化正态模型结果吻合较好；整体模型、小变率模型取水水质变化试验结果趋势一致、量值上差别符合水工模型规程精度要求。

（2）取水水质最主要影响因素是取水系统的沉沙效率，而沉沙效率取决于进水含沙量（即一级沉淀池进水闸闸前水体含沙量）、补水方式、补水量和沉淀调节池尺度及其布置。10%、50%、97%三种设计典型潮型试验结果分析对比表明，两级沉淀池方案 2 优于两级沉淀池方案 1，不仅水量调节能力相对较大，取水口水质也大幅提高。

（3）在遇到恶劣天气条件不宜取水或连续低潮位多日不补水时，两级沉淀池方案2 一、二级沉淀调节池特别是二级沉淀调节池水位较低，水量调节余地仍略显不足。一级闸前建双导堤基本不会影响进水闸进水流能力，扩大一级沉淀池面积和外段 1/3 区域局部加深、二级池整体加深及增加一级闸上层闸门孔数，均能够提高沉淀调节池水量综合调节能力，也是确保电厂安全取水可选的重要工程措施。上述各项优化措施实施后，在平常风浪天气、正常设计取水流量条件下，取水口水体含沙量可小于 $0.10\ \mathrm{kg/m^3}$。

（4）沉淀池优化布置方案 2 沉沙效率比优化布置方案 1 和方案 2 略低，但二级闸前含沙量有所降低。在 50% 典型潮位过程、+2 m 潮位开始补水、取水流量 18 $\mathrm{m^3/s}$、一级闸隔日补水的工况下，上述三个方案一级沉淀池的沉沙效率均在 90% 以上，取水口水质也比较接近。

取水能力与水量安全试验研究主要结果见表 4 - 17～表 4 - 19 及图 4 - 32～图 4 - 37。取水水质试验主要成果见表 4 - 20～表 4 - 23 和图 4 - 38～图 4 - 44。

表 4-17　两级沉淀池方案 2 及其布置优化一级闸进水能力和
间隔补水一级沉淀池水位试验结果　　　　　　　　　　（单位：m）

试验工况		不取水条件下			连续取水流量 18 m³/s		
闸孔数	潮型	推算结果	概化正态模型	最高补水位	第 2 天末	第 3 天末*	第 4 天末*
上层 6 孔	10%	2.76	2.71	4.02(3.70)	2.40(2.40)	1.68(1.90)	0.95(1.40)
	50%	2.52(2.26)	2.55(2.26)	3.25(3.07)	1.82(2.01)	1.09(1.51)	0.37(1.01)
	97%	1.52(1.42)	1.66(1.48)	1.66	0.25	−0.59	−1.43
上层 6 孔、下层 2 孔	97%	2.76(2.59)	2.50(2.28)				
上层 10 孔	10%	(3.42)	(3.53)				
	50%	3.20(2.97)	3.18(2.90)	3.19(2.90)	1.54(1.65)	0.82(1.10)	0.09(0.65)
	97%	(1.71)	(1.76)	(1.76)	(0.72)	(0.14)	(−0.44)
上层 10 孔、下层 2 孔	97%	2.96(2.79)	2.76(2.53)	2.50(2.53)	0.83(1.27)	−0.01(0.69)	−0.85(0.11)

注：括号中为对应于两级沉淀池方案 2 布置优化的水位；*第 3 天末和第 4 天末水位为根据水量推算的结果。

关于表 4-17 中试验条件的说明：

（1）不取水条件下一级沉淀池起始水位为 1.0 m。10% 潮型从低高潮到高高潮潮位超过 2.0 m 时补水；50% 潮型① 从高高潮到低高潮潮位超过 2.0 m 时补水，② 上层 10 孔时仅高高潮过程补水；97% 潮型只在高高潮外海潮位超过 2.0 m 时上层闸孔补水，如果外海潮位超过 1.0 m，则下层闸孔补水。

（2）连续取水流量 18 m³/s 条件下一、二级沉淀池起始水位均为 1.0 m。10% 潮型从低高潮到高高潮过程隔日补水，一级沉淀池补水至最高补水位时开启二级沉淀池进水闸上层 6 孔开始连续取水；50% 潮型外海潮位超过 2.0 m 时一级闸补水两种工况：① 高高潮过程上层 6 孔补水至一级池最高补水位时，关闭一级沉淀池进水闸开启二级沉淀池进水闸上层闸孔补水并开始连续取水，当外海潮位高于一级闸池内水位时，再开启一级闸上层孔继续补水；② 仅在高高潮过程开启 10 孔补水，至一级池内最高补水位时开启二级沉淀池进水闸上层闸孔补水并开始连续取水；97% 潮型补水方式与不取水条件下相同，二级沉淀池进水闸开启时机和连续取水与 10% 潮型相同。

表 4-18　不同潮型两级沉淀池方案 2 一级沉淀池蓄水系列模型试验结果及推算结果比较

方案	闸孔开启状态	潮型	一级沉淀池水位(m)				
			起始	大变率模型	小变率模型	推算结果	概化正态模型
两级沉淀池方案 2	上层 6 孔	10%	1.0	2.75(+1.5)		2.76(+1.9)	2.71
			1.5	3.20		3.58	
			2.0	3.51		3.58	
		50%	1.0	2.79(+10.3)		2.52(−1.2)	2.55
			1.5	2.76		2.94	
			2.0	3.36		3.27	

（续表）

方案	闸孔开启状态	潮型	一级沉淀池水位(m)				
			起始	大变率模型	小变率模型	推算结果	概化正态模型
两级沉淀池方案2	上层6孔	97%	1.0	1.60(−3.6)		1.52(−8.4)	1.66
			1.5	1.99		2.02	
			2.0			2.50(+0.4)	2.49
	上层6孔＋下层2孔	97%	1.0			2.76(+10.4)	2.50
	上层10孔	50%	1.0			3.20(+0.6)	3.18
	上层10孔＋下层2孔	97%	1.0			2.96(+7.3)	2.76
布置优化	上层6孔	10%	1.0	2.62	2.59	2.71	
		50%	1.0	2.56(+13.3)	2.50(+10.6)	2.26(0.0)	2.26
		97%	1.0		1.45(−2.7)	1.42(−4.1)	1.48
	上层6孔＋下层2孔	97%	1.0			2.59(+13.6)	2.28
	上层10孔	10%	1.0	3.76(+6.5)	3.72(+5.4)	3.42(−3.1)	3.53
		50%	1.0	3.01(+3.8)	3.10(+6.9)	2.97(+2.4)	2.90
		97%	1.0			1.71(−2.8)	1.76
	上层10孔＋下层2孔	97%	1.0	2.48(−2.0)	2.42(−4.3)	2.79(+10.3)	2.53

注：括号内数值为相对于正态概化模型值的误差百分数，+为正偏差，—为负偏差。

表4-19　取水流量18 m³/s变率与概化正态模型不同补水工况补水后第2天末池内水位 （单位：m）

方案	潮型	概化正态模型	大变率模型	小变率模型	备注
两级沉淀池方案2	50%潮型	1.82	1.94		上层6孔闸
	50%潮型	1.54	—	1.58	上层10孔闸
	97%潮型	0.28	0.29	—	上层6孔加下层2孔闸
布置优化	50%潮型	2.01	2.10		上层6孔闸
	50%潮型	1.64	1.70	1.58	上层10孔闸
	97%潮型	0.86	0.89	—	上层10孔闸
	97%潮型	1.27	1.20	—	上层6孔加下层2孔闸

(a) 两级沉淀池方案1上层6孔、10%潮型补水初期　　　(b) 两级沉淀池方案1上层6孔、50%潮型补水末期

(c) 97%潮型、两级沉淀池方案1二级沉淀池补水

(d) 97%潮型、两级沉淀池方案1二级沉淀池闭闸

(e) 10%潮型、两级沉淀池方案2一级沉淀池补水

(f) 10%潮型、两级沉淀池方案2二级沉淀池补水

(g) 97%潮型、两级沉淀池方案2一级沉淀池补水

(h) 97%潮型、两级沉淀池方案2二级沉淀池补水

(i) 50%潮型、两级沉淀池方案2一级沉淀池补水 　　(j) 50%潮型、两级沉淀池方案2二级沉淀池补水

图4-32　非恒定流整体物理模型两级沉淀池方案沉淀池补水流态

(a) 上层6孔、50%潮型补水初期 　　　　　　(b) 上层6孔、50%潮型补水中期

图4-33　非恒定流概化正态物理模型两级沉淀池方案2一级沉淀池补水流态

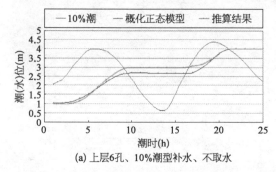 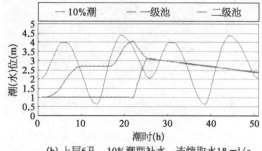

(a) 上层6孔、10%潮型补水、不取水 　　　(b) 上层6孔、10%潮型补水、连续取水18 m³/s

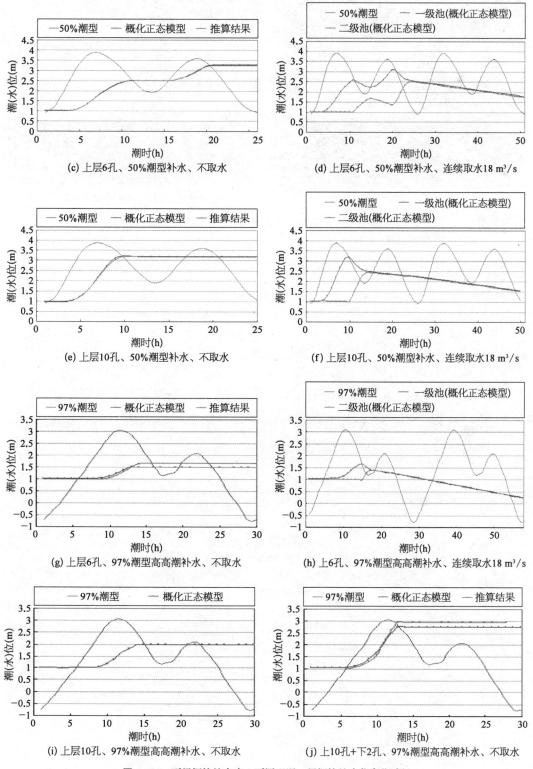

图4-34　两级沉淀池方案2不同工况一级沉淀池水位变化过程

(a) 上层6孔、50%潮型补水初期　　　　　　　　　(b) 上层6孔、50%潮型补水中期

图 4 – 35　非恒定流整体物理模型两级沉淀池方案 2 布置优化补水流态

（一级沉淀池延长、外端 1/3 挖深至 −6 m、二级沉淀池西移并加深至 −6 m）

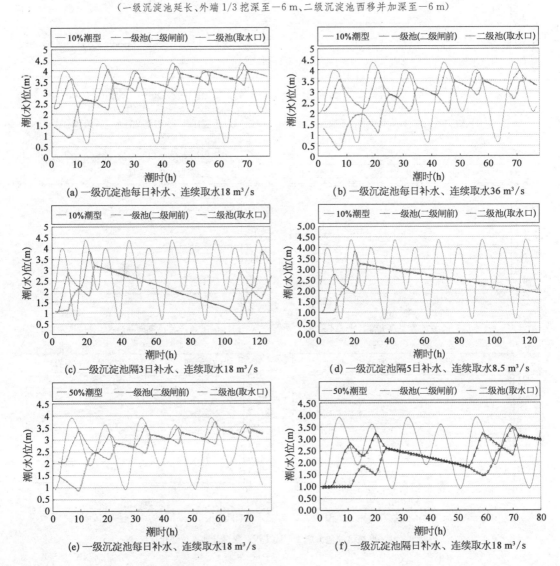

(a) 一级沉淀池每日补水、连续取水 18 m³/s　　　　(b) 一级沉淀池每日补水、连续取水 36 m³/s

(c) 一级沉淀池隔 3 日补水、连续取水 18 m³/s　　　(d) 一级沉淀池隔 5 日补水、连续取水 8.5 m³/s

(e) 一级沉淀池每日补水、连续取水 18 m³/s　　　　(f) 一级沉淀池隔日补水、连续取水 18 m³/s

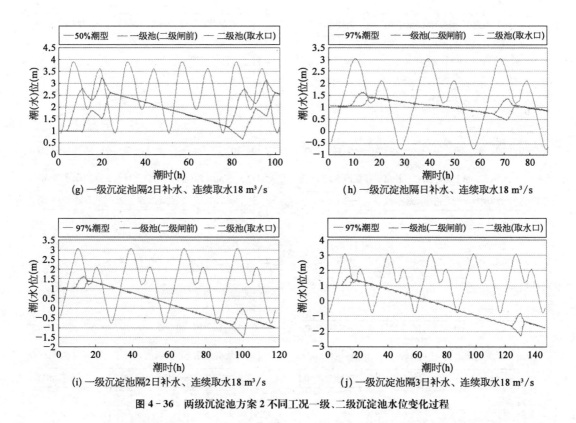

(g) 一级沉淀池隔2日补水、连续取水18 m³/s

(h) 一级沉淀池隔日补水、连续取水18 m³/s

(i) 一级沉淀池隔2日补水、连续取水18 m³/s

(j) 一级沉淀池隔3日补水、连续取水18 m³/s

图 4－36　两级沉淀池方案 2 不同工况一级、二级沉淀池水位变化过程

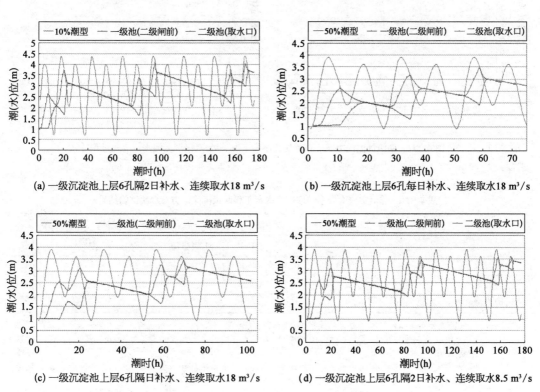

(a) 一级沉淀池上层6孔隔2日补水、连续取水18 m³/s

(b) 一级沉淀池上层6孔每日补水、连续取水18 m³/s

(c) 一级沉淀池上层6孔隔日补水、连续取水18 m³/s

(d) 一级沉淀池上层6孔隔2日补水、连续取水8.5 m³/s

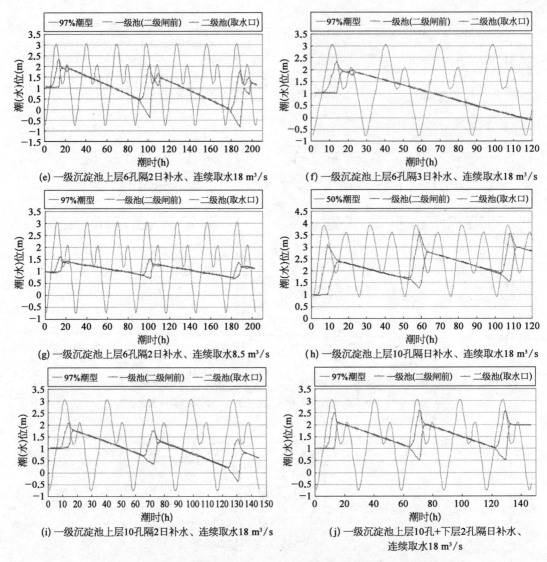

图 4-37 两级沉淀池方案 2 布置优化不同工况一级、二级沉淀池水位变化过程

（一级沉淀池延长、外端1/3挖深至−6 m、二级沉淀池西移并加深至−6 m）

表 4-20 非恒定流大变率物理模型取水工程两级沉淀池方案水质试验结果

位　　置	取 水 口		二级闸前		一级沉淀池内		F1 引潮沟口门	F2 一级闸前
	F1	F2	F1	F2	F1 喇叭口	F2		
离岸距离(m)	−780	−780	250	680	2 000	2 616	5 018	3 045
含沙量(kg/m³)	0.128	0.090	0.160	0.120	0.393	0.431	0.500	1.330
含沙量降幅(%)	74.0	93.2	68.0	91.0	21.4	67.7		

注：1. 非恒定流大变率物理模型即整体物理模型；离岸距离(m)为"−"表示在一级沉淀池轴线与岸线交点以西，下同。
　　2. F1 为两级沉淀池方案 1，试验条件：10%潮型、引潮沟口门水体年均含沙量 0.5 kg/m³、每日补水、连续取水流量 18 m³/s。
　　3. F2 为两级沉淀池方案 2，试验条件：50%潮型、一级闸前水体年均含沙量 1.33 kg/m³、潮位高于 2 m 起隔日补水、连续取水流量 18 m³/s；含沙量降幅 F1、F2 分别相对于引潮沟口门处含沙量和一级闸前含沙量。

表 4-21　非恒定流大变率物理模型取水工程两级沉淀池
方案 2 布置优化水质试验结果　　　　　　　（单位：kg/m³）

优化布置措施		取 水 口		二级沉淀池闸前		一级沉淀中		一级闸前	
		−780	−1 355	680	250	2 616	1 650	2 620	3 045	3 050
一级闸前建双导堤	F2+500 m-GT6S-18	0.105		0.140		0.505			1.804
	F2+1 000 m-GT6S-18	0.093		0.126		0.425			1.349
	F2+2 000 m-GT6S-18	0.086		0.105		0.356			0.859
F2BZ	F2BZ-GT6S-18		0.084	0.107		0.259	0.416		1.330
	F2BZ-GT10D-8.5		0.076	0.093		0.205	0.334		1.330
	F2BZ-G2T6S-8.5		0.074	0.090		0.190	0.259		1.330
	F2BZ-G2T10D-8.5		0.072	0.088		0.189	0.255		1.330

注：1. 第 2 行为离岸距离(m)，"−"表示在一级沉淀池轴线与岸线交点以西。

2. F2BZ 指两级沉淀池方案 2 布置优化，GT 指隔天，G2T6S 指隔 2 天潮位 2 m 以上进水闸上层 6 孔双峰补水，18 指取水口连续取水流量 18 m³/s，GT10D 指隔天潮位 2 m 以上进水闸上层 10 孔单峰补水，8.5 指取水口连续取水流量 8.5 m³/s，余者类推。

表 4-22　小变率物理模型取水工程两级沉淀池方案 2 水质试验工况

试验工况	试验控制条件
工况 1	10%潮型，一级闸前水体含沙量 3.0 kg/m³，潮位高于+2 m 一级沉淀池开始补水，隔 2 日补水一次，一级沉淀池进水期间二级池不补水；二级沉淀池连续取水流量 18 m³/s
工况 2	50%潮型，一级闸前水体含沙 1.5 kg/m³，潮位高于+2 m 一级沉淀池开始补水，隔日补水一次，一级沉淀池进水期间二级池不补水；二级沉淀池连续取水流量 18 m³/s
工况 3	50%潮型，一级闸前水体含沙 8.0 kg/m³，潮位高于+2 m 一级沉淀池开始补水，隔日补水一次，一级沉淀池进水期间二级池不补水；二级沉淀池连续取水流量 18 m³/s
工况 4	97%潮型，一级闸前水体含沙量 1.5 kg/m³，潮位高于+2 m 一级沉淀池开始补水，隔 2 日补水一次，二级池补水开底闸，一级沉淀池进水期间二级池不补水；二级沉淀池连续取水流量 8.5 m³/s
工况 5	97%潮型，一级闸前水体含沙量 1.5 kg/m³，潮位高于+2 m 一级沉淀池开始补水，每日补水一次，一级沉淀池进水期间二级池不补水；二级沉淀池连续取水流量 18 m³/s
工况 6	50%潮型，一级闸前水体含沙量 1.5 kg/m³，潮位高于+2 m 一级沉淀池开始补水，隔 4 日补水一次，一级沉淀池进水期间二级池不补水；二级沉淀池连续取水流量 8.5 m³/s

注：两级沉淀池方案 2 共 5 个试验工况 1~5；两级沉淀池方案 2 布置优化共 6 个试验工况 1~6。

表 4-23　小变率物理模型取水工程两级沉淀池方案 2 物理模型水质试验结果

取水工况	一级闸前	水体含沙量(kg/m³)				沉沙池沉沙效率(%)					
		二级闸前		取水口		一级池		二级池		一、二级池	
		F2	F2*	F2	F2*	F2	F2*	F2	F2*	F2	F2*
工况 1	3.00	0.209	0.155	0.102	0.086	93.0	94.8	51.2	44.5	96.6	97.1
工况 2	1.50	0.124	0.103	0.094	0.082	91.7	93.1	24.2	20.4	93.7	94.5
工况 3	8.00	0.292	0.194	0.125	0.089	96.4	97.6	57.2	54.1	98.4	98.9

（续表）

取水工况	一级闸前	水体含沙量（kg/m³）				沉沙池沉沙效率（%）					
		二级闸前		取水口		一级池		二级池		一、二级池	
		F2	F2*	F2	F2*	F2	F2*	F2	F2*	F2	F2*
工况 4	1.50	0.103	0.096	0.094	0.085	93.1	93.6	8.7	11.5	93.7	94.3
工况 5	1.50	0.114	0.099	0.105	0.088	92.4	93.4	7.9	11.1	93.0	94.1
工况 6*	1.33	0.120	0.084	0.090	0.076	91.0	93.7	25.0	9.5	93.2	94.3
平 均 值						92.9	94.4	29.0	25.2	95.0	95.8

注：1. F2、F2*分别为两级沉淀池方案2、两级沉淀池方案2布置优化。

2. 一、二级池即一级沉淀池、二级沉淀池；取水口位于二级沉淀池内临岸处。

3. 工况6*为非恒定流大变率模型水质试验工况。

(a) F1−10%潮型每日补水、连续取水18 m³/s

(b) F2−50%潮型隔日补水、连续取水18 m³/s

(c) F2+500 m−50%潮型隔日补水、连续取水18 m³/s

(d) F2+2000 m−50%潮型隔日补水、连续取水18 m³/s

图4−38　非恒定流大变率物理模型取水工程两级沉淀池方案取水水质试验

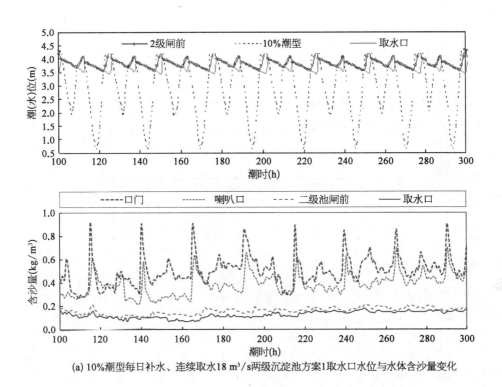

(a) 10%潮型每日补水、连续取水18 m³/s两级沉淀池方案1取水口水位与水体含沙量变化

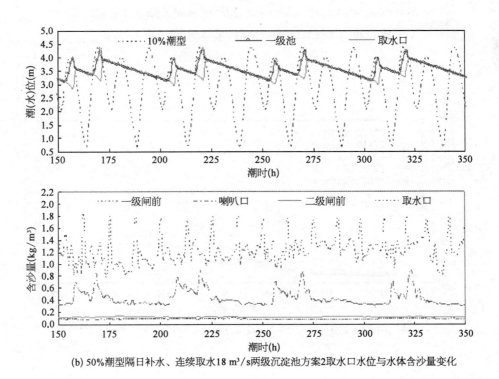

(b) 50%潮型隔日补水、连续取水18 m³/s两级沉淀池方案2取水口水位与水体含沙量变化

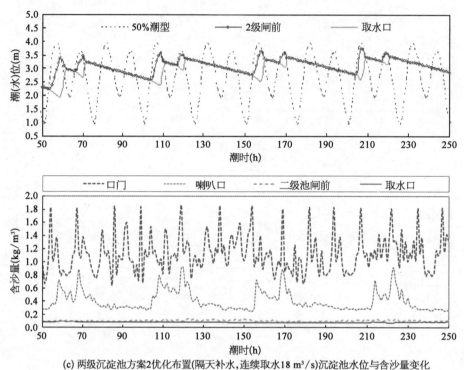

(c) 两级沉淀池方案2优化布置(隔天补水,连续取水18 m³/s)沉淀池水位与含沙量变化

图4-39 非恒定流整体物理模型两级沉淀池方案水质试验结果

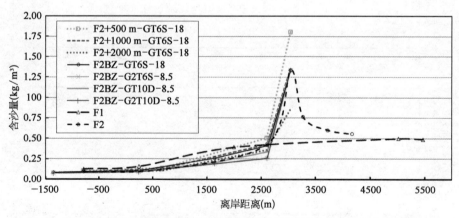

图4-40 非恒定流整体物理模型两级沉淀池方案沉淀池内沿程水体含沙量试验结果

(a) 一级沉淀池进水闸补水流态　　　　　　　　　(b) 二级沉淀池补水流态

(c) 一级闸前水体含沙量1.33 kg/m³　　　　　　　(d) 一级闸前水体含沙量3.00 kg/m³

图 4‑41　非恒定小变率物理模型两级沉淀池方案 2 沉淀池内浑水输移扩散及流态试验

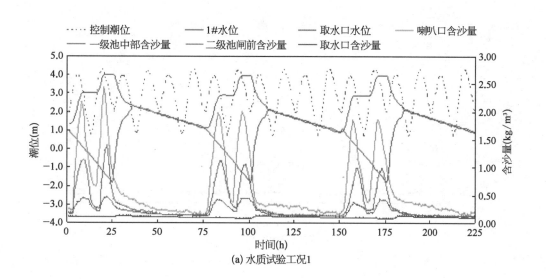

(a) 水质试验工况1

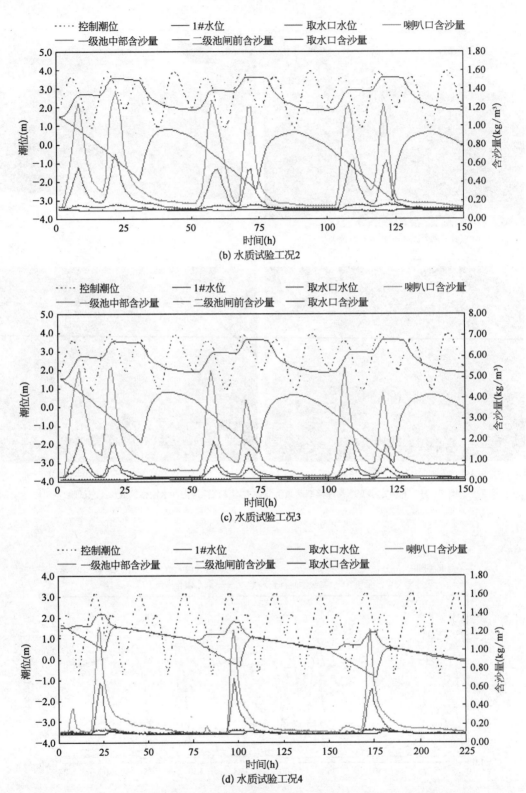

(b) 水质试验工况2

(c) 水质试验工况3

(d) 水质试验工况4

图 4 - 42 非恒定小变率物理模型两级沉淀池方案 2 水质试验沉淀池内水体含沙量变化检测结果

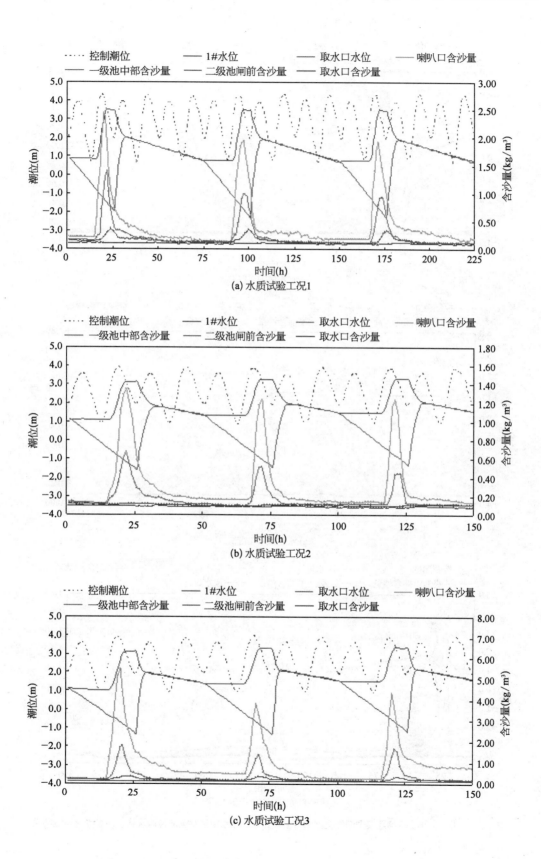

(a) 水质试验工况1

(b) 水质试验工况2

(c) 水质试验工况3

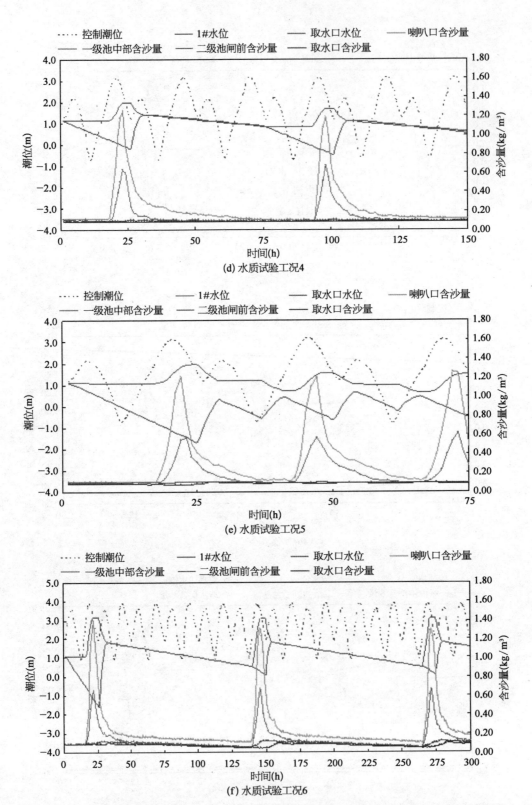

(d) 水质试验工况4

(e) 水质试验工况5

(f) 水质试验工况6

图4-43 非恒定小变率物理模型两级沉淀池方案2布置优化水质试验沉淀池内水体含沙量变化检测结果

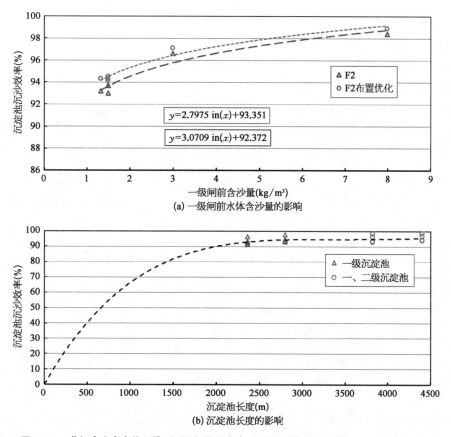

(a) 一级闸前水体含沙量的影响

(b) 沉淀池长度的影响

图 4‑44 非恒定小变率物理模型两级沉淀池方案 2 沉淀池沉淀效率主要影响因素及其关系

4.4.3 取水工程泥沙冲淤试验

取水工程两级沉淀池方案泥沙问题,包括取水工程系统内泥沙回淤分布与泥沙量和取水工程附近海域泥沙冲淤演变两个方面。采用波浪潮流泥沙整体物理模型即大变率模型进行试验。

泥沙冲淤试验研究结果表明:淤泥质海岸电厂取水必然面对泥沙问题,除了工程海域水动力和泥沙环境等自然因素之外,取水工程方案、取水工艺和取水量也是泥沙回淤(量)的重要影响因素。在取水流量 18 m³/s 条件下,两级沉淀池方案 1 引潮沟、一级、二级沉淀池和随取水进入厂区内沉淀池的年均泥沙量(即可能取出量=取水流量×小变率模型取水口水体含沙量×1 年时间)分别为 27.92 万 m³、74.82 万 m³、1.40 万 m 和 5.59 万 m³,泥沙量合计 109.73 万 m³;两级沉淀池方案 2 一级、二级沉淀池和可能取出泥沙量年均分别为 58.07 万 m³、1.31 万 m³ 和 3.93 万 m³,泥沙量合计 63.31 万 m³,分别是两级沉淀池方案 1 的 77.6%、93.6%、70.3 和 57.7%。考虑到取水工程连续取水、长期营运和常规维护等,两级沉淀池方案 2 泥沙问题明显较轻、优势显著。取水工程邻近水域局部缓流区带状淤积明显,附近周边岸滩第 1 年淤长较快,两个方案差别不大。两级沉淀池方案 2 一级闸前建适当长度双导堤和布置优化措施均可提高取水口水质,后者还能够进一步减少取水工程系统内的泥沙总量(比两级沉淀池方案2年均再减少约8.3%)。

试验主要工况见表4-24,试验情况与结果如图4-45~图4-47所示。根据潮流动力作用冲淤平衡方法,预测计算两级沉淀池方案2工程区附近流场与泥沙冲淤形态如图4-48所示。

表4-24 取水工程两级沉淀池方案整体物理模型泥沙冲淤试验结果

方案	时间	区域	引潮沟(双导堤间)	一级池	二级池	可能取出沙量	总计
F1	第1年末	平均淤厚(m)	0.94	0.68	0.029	($Q = 18 \text{ m}^3/\text{s}$)	
		淤积量(万 m³)	27.92	74.82	1.40	5.59	109.73
	第2年末	平均淤厚(m)	1.30	1.14	0.067	($Q = 18 \text{ m}^3/\text{s}$)	
		淤积量(万 m³)	33.38	147.58	3.23	11.18	195.37
F2	第1年末	平均淤厚(m)	—	0.371	0.027	($Q = 18 \text{ m}^3/\text{s}$)	
		淤积量(万 m³)	—	58.07	1.31	3.93	63.31
	第1年末	平均淤厚(m)	—	0.159	0.013	($Q = 8.5 \text{ m}^3/\text{s}$)	
		淤积量(万 m³)	—	24.95	0.62	1.85	27.42
F2+	500 m 双导堤	淤积量(万 m³)	(18.94)	72.67	1.53	4.58	97.72
	1 000 m 双导堤	淤积量(万 m³)	(45.40)	53.39	1.44	4.06	104.28
	2 000 m 双导堤	淤积量(万 m³)	(54.32)	32.92	0.83	3.76	91.83
F2布置优化	GT6S-18 m³/s	淤积量(万 m³)		53.40	1.00	3.67	58.07
	GT10D-8.5 m³/s	淤积量(万 m³)		25.51	0.35	1.57	27.42
	G2T6S-8.5 m³/s	淤积量(万 m³)		25.57	0.33	1.53	27.42
	G2T10D-8.5 m³/s	淤积量(万 m³)		25.61	0.33	1.48	27.42

注:1. F1、F2分别指两级沉淀池方案1、两级沉淀池方案2。
2. F2一级闸前+双导堤、F2布置优化各工况的时间均为第1年末。
3. F2布置优化,即一级沉淀调节池堤头位置不变,将二级沉淀调节池(平面尺度不变、池底高程加深2 m浚深至-6.0 m)置于一级沉淀调节池右侧,一级池长度增加至3 000 m左右,同时外段约1 000 m池底标高加深2 m至-6.0 m。
4. GT6S-18 m³/s指隔天潮位2 m以上进水闸上层6孔双峰补水、取水口连续取水流量18 m³/s;G2T10D-8.5 m³/s指隔天潮位2 m以上进水闸上层10孔单峰补水、取水口连续取水流量8.5 m³/s,余者类推。
5. 可能取出量=取水流量×小变率模型取水口水体含沙量×1年时间,该泥沙随取水进入厂区内沉淀池。

(a) 两级沉淀池方案1一级沉淀池内   (b) 两级沉淀池方案1引潮沟口门区

(c) 两级沉淀池方案2试验中

(d) 两级沉淀池方案2一、二级沉淀池中

(e) 两级沉淀池方案2一级闸前+双导堤500 m

(f) 一级闸前+双导堤500 m一、二级沉淀池中

(g) 两级沉淀池方案2布置优化试验中

(h) 布置优化一、二级沉淀池中

图 4 - 45　两级沉淀池方案波浪潮流整体物理模型泥沙冲淤试验

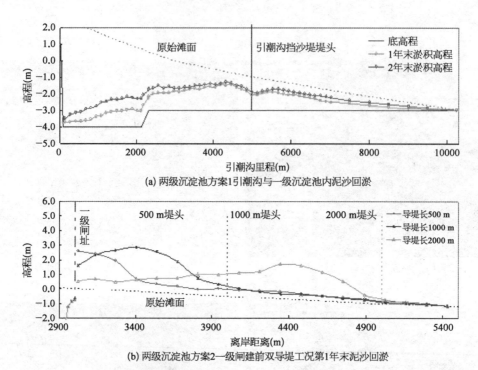

(a) 两级沉淀池方案1引潮沟与一级沉淀池内泥沙回淤

(b) 两级沉淀池方案2一级闸建前双导堤工况第1年末泥沙回淤

图4-46 两级沉淀池方案波浪潮流整体物理模型泥沙冲淤试验结果

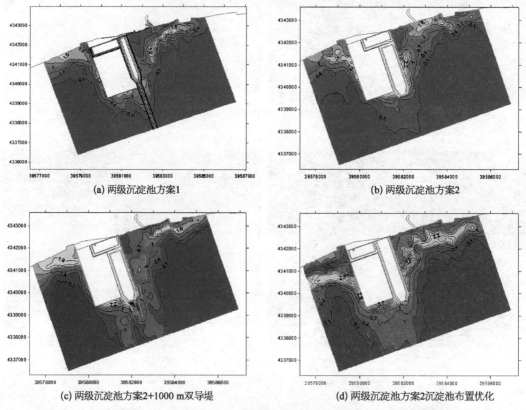

(a) 两级沉淀池方案1

(b) 两级沉淀池方案2

(c) 两级沉淀池方案2+1000 m双导堤

(d) 两级沉淀池方案2沉淀池布置优化

图4-47 两级沉淀池取水工程布置周边海域岸滩第1年末冲淤形态波浪潮流整体物理模型试验结果

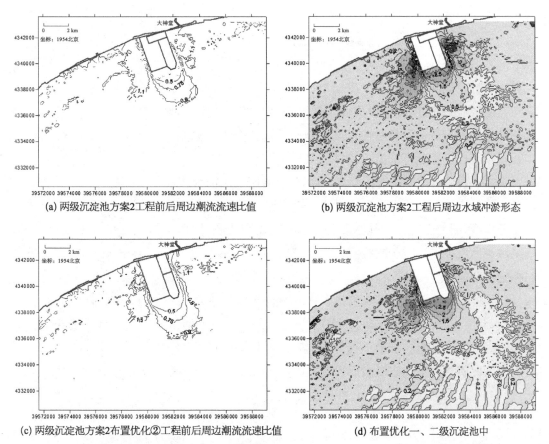

(a) 两级沉淀池方案2工程前后周边潮流流速比值　　(b) 两级沉淀池方案2工程后周边水域冲淤形态

(c) 两级沉淀池方案2布置优化②工程前后周边潮流流速比值　　(d) 布置优化一、二级沉淀池中

图 4-48　潮流动力作用冲淤平衡方法预测计算两级沉淀池方案 2 工程区附近流场与泥沙冲淤形态

4.5　研究结论

（1）两级沉淀池方案 2 采用高潮进水、两级沉淀取水工艺,效果等同在海挡外设置蓄水库,不仅水量调节余地大,而且水质可控性强;系统内泥沙主要淤积相对集中,疏浚清淤对取水运行影响小;抵御异常天气能力增强,取水安全性与可靠性提升余地较大,对工程区海域影响小。其具有综合性优点,显著优于前期引潮沟方案,能够有力保障电厂全天候大流量连续安全取水,可作为取水工程推荐方案。

（2）取水工程推荐方案一级沉淀池闸控进水,进水水量和水质均可灵活调控。如可选择高潮位含沙量小时间隔补水,或者在天气好时多补水,而在可预见恶劣天气来临前还可以综合利用库容预先补水等。设置二级闸和二级沉淀池,为进一步提高水质、优化取水工艺流程和科学灵活调度管理取水工程总库容奠定了基础;进水中泥沙主要落淤在一级沉淀池内偏外海段,便于电厂投产运营后局部疏浚清淤,基本不会影响取水工程正常取水运行;方案整体布局在离岸方向上长度比引潮沟方案大幅缩短,对工程周边海岸水域环境不利影响进一步减轻。

（3）两级沉淀池方案 2 基础上，一级沉淀调节池面积适当扩大与局部加深、二级沉淀调节池整体加深（增加总库容）、一级闸上层闸孔增加到 8 孔或 10 孔（增大进水量、缩短补水时间、增加沉淀时间）等布置优化，对进一步提高取水工程综合沉沙效率和水量调节能力，特别是在冬季低潮位过程或异常天气条件下的取水安全性均有利。以上沉淀池布置优化和进水运行方式的科学合理设置是确保和提升电厂取水工程安全、可靠运行的有效工程技术与运行管理可选措施。

（4）一级闸前修建适当长度双导堤，可有效降低闸前水体含沙量，不仅会增加投资，还需要配套相应的防淤减淤措施应对双导堤间泥沙淤积。从工程海域长远发展与岸滩冲淤演变角度看，闸前建双导堤是必要的。从电厂工程投资角度，初期闸前可暂不建双导堤，而采取纳潮反冲措施减少减缓闸前泥沙淤积；工程实施后随附近岸滩演变实际情况，必要时再建设闸前双导堤。

（5）淤泥质海岸取水安全包括取水水量安全和取水水质安全两个方面，取水工程布局、取水调度工艺流程、进水条件（潮汐特性与泥沙环境）和防淤减淤措施是取水安全的主要影响因素。合理布局取水工程方案、科学设计取水调度工艺流程和妥善解决泥沙问题是决定淤泥质海岸全天候取水工程方案成败的关键技术。

第 5 章

电厂全天候取水工程设计方案及实施效果

2005 年天津滨海新区成为国家重点支持开发开放的国家级新区。2006 年《国务院关于推进天津滨海新区开发开放有关问题的意见》（国发〔2006〕20 号）标志着天津滨海新区作为国家级经济新区正式进入实施阶段，天津滨海新区被纳入国家发展战略。

在滨海新区社会经济蓬勃发展背景下，原天津市汉沽区开发区管委会启动汉沽区海挡外移工程规划工作。为适应新的建设环境形势，建设单位委托设计单位提出了北疆发电厂取水工程新的设计方案，也是取水工程最终的实施方案。总体上该方案与第二阶段研究论证提出的推荐方案——两级沉淀池方案 2 本质上相同，在平面布局略有差异。

5.1　电厂全天候取水工程设计方案

5.1.1　两级沉淀调节池

采用高潮位闸门进水取水方式，在海挡外设置两级沉淀调节池，两级可控进水闸，一级提升泵房，一个沥水蓄水池和一个沥水闸。

两级沉淀调节池均基本垂直海挡串联布置，沉淀调节池西侧为沥水蓄水池，取水口位于二级沉淀调节池西北角，提升泵房设于取水口北侧，如图 5-1 和图 5-2 所示。其中：一级沉淀调节池长度约 1 984 m，沉淀池防护堤堤顶标高 +6.0 m、池底标高 -4.0 m、池底长 1 762 m、底宽 500 m，沉淀池南防护堤离岸约 3 535 m；二级沉淀调节池池底标高 -4.0 m、底长 1 200 m、底宽 500 m、边坡 1：9，设计蓄水标高 +1.5 m，设计储水容量约 438 万 m³，沉淀池防护堤堤顶标高 +6.0 m。沉淀池东、西防护堤堤中心线之间距离为 741 m。

沥水蓄水池西防护堤离岸长度约为 3 740 m、堤顶标高 +6.0 m，该堤与沉淀池西防护堤堤中心线之间距离为 1 200 m，沥水蓄水池面积约 436 hm²。因设计的沥水闸实际未建设，此处略。

5.1.2　两级可控进水闸

一级进水闸是取水工程的可控进水（或称补水）闸，位于一级沉淀调节池南防护堤中部；二级进水闸布置于一级沉淀调节池、二级沉淀池之间隔堤上略靠东部，是二级沉淀池可控进水闸，如图 5-1 所示。

一级进水闸门按上下两级设置：上部设 8 组钢闸门，闸门底标高 +2.0 m、顶标高 +4.0 m、净宽 7.8 m；下部设 2 组钢闸门，闸门槽底标高 0.0 m、顶标高 +2.0 m、宽 7.8 m。下部 2 组闸门兼具反向冲淤减淤功能，可减少一级进水闸前泥沙淤积。

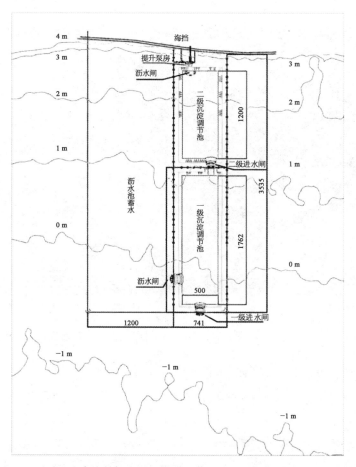

图 5-1　取水工程实施方案两级沉淀调节池蓄水沥水池等平面布局与尺度示意图

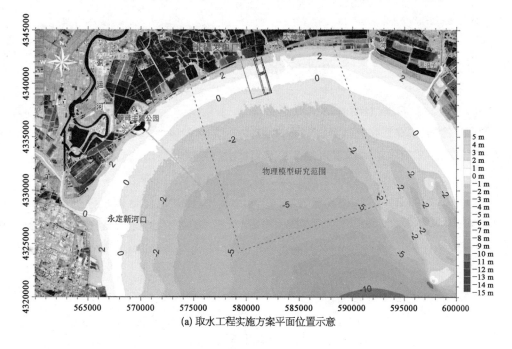

(a) 取水工程实施方案平面位置示意

(b) 取水工程与海挡外移工程实施后2013年10月遥感图

图 5-2　取水工程实施方案平面布局与位置示意

二级进水闸设钢闸门(上部 8 组、下部 2 组),上部闸门槽底标高+1.5 m、顶标高+4.0 m、宽 7.8 m;下部钢闸门槽底标高-3.0 m、顶标高-1.0 m、宽 7.8 m。

5.2　取水工程工艺流程

取水工艺流程为:

渤海湾→一级进水闸→一级沉淀调节池→二级进水闸→二级沉淀调节池→取水泵房→压力供水管道→穿越海挡至冷却塔水池和海水淡化处理构筑物

5.2.1　一级沉淀调节池高潮位进水静沉

设计条件下,不取水时一级沉淀调节池起始水位为 1.0 m,即池内正常水深不小于 5.0 m;当闸前潮位超过 2.0 m 时,一级进水闸开启闸门补水。根据前期相关试验研究结果(4.4 节和4.5 节),以 50% 潮型为例,一级进水闸上层 8 孔(单孔净宽 6.0 m)闸门开启,双潮补水沉淀池内水位可升至 3.36 m;连续取水流量为 18 m³/s,2 天不补水,沉淀池内水位仍高于 2.00 m。实施方案一级进水闸上层闸门 8 孔、单孔净宽为 7.8 m。因此,取水工程系统进水补水能力更大、进水时间缩短,一级沉淀调节池静沉时间增加,有利于提高沉淀池沉沙效应和取水水质。

5.2.2　二级沉淀池补水再静沉

通过二级进水闸进行二级沉淀调节池补水,一级沉淀池静沉后的海水进入二级沉淀池再静沉,水体水质进一步提升。二级沉淀池补水时需注意两个原则:一是避开一级闸进水时段;二是保持二级沉淀池内运行水位在设计蓄水标高+1.5 m 左右,维持二级沉淀池持续的再静沉功能与充足的优质水量供应能力。

5.2.3　取水安全性分析

本取水工程设计(实施)方案,采用二维波浪数学模型,计算分析了结合海挡外移条件下一级闸前附近水域波浪要素,闸(堤)前最大波高比外海增 30%～40%,第一个最大波高一般离堤 100～160 m,波群分布与两级沉淀池方案 2 类似;其采用二维波浪潮流泥沙数学模型计算分析,一级闸前附近水域缓流范围增大加宽,离岸方向可达 7～8 km;平常风浪一级闸(堤)前水体含沙量约为 0.68～1.18 kg/m³,比两级沉淀池方案 2 一级闸前(1.07～1.53 kg/m³)有所减小;沉淀池挡沙堤和外移海挡临海一侧附近沿线出现年回淤厚度大于 0.5 m 分布带,形态类似于图 4-18(h)。

根据前期研究成果[15-16],对取水工程取水安全性进行综合评估,结论是泥沙沉淀效率为 93%～95%,取水水质与两级沉淀池方案 2 相当或略优,取水量调节能力优于两级沉淀池方案 2。

5.2.4　全天候连续安全取水

二级沉淀调节池设计蓄水标高+1.5 m 时,储水容量约为 438 万 m³;水位+2.0 m、+2.5 m 时,储水容量分别约为 477 万 m³ 和 517 万 m³。以发电厂设计装机容量 4×1 000 MW 机组需连续补水 18 m³/s(即每日水量 155.52 万 m³)考虑,单独依靠二级沉淀调节池,蓄水标高+1.5 m、+2.0 m、和+2.5 m 时,分别能够持续取水 2.81 天、3.06 天和3.32 天。

一级沉淀调节池池底面积约为 113.7 万 m²,即(1 762+108)m×(500+108)m,在+1 m(水深 5 m)的基础上,水位每增加 1 m 沉淀池中水量就约增加 114 万 m³,按最高补水水位+3.30 m 计,增加的水量约为 375 万 m³,可供维持 18 m³/s 连续补水约 2.41 天。因此,加上利用一级沉淀调节池的调节库容,能够确保连续安全取水的时间为 5.2～5.7 天。

前文相关研究分析表明,工程区海域连续低潮位过程持续时间一般为 5 天左右,最长达 7 天;大风浪引起水体淤泥质含沙量增高的持续时间通常为 3～5 天。因此,取水工程实施方案能够实现发电厂全天候安全取水。

5.3　全天候取水工程实施效果

5.3.1　取水工程实施过程

本节实际上为北疆发电厂项目主要实施过程(图 5-3)。

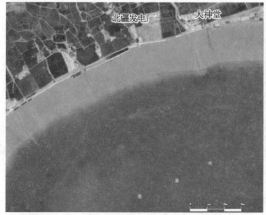

(a) 取水工程海域2006年4月13日遥感图

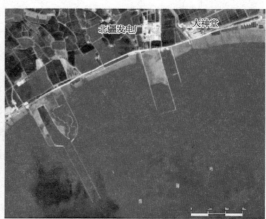

(b) 取水工程施工中2008年9月12日遥感图

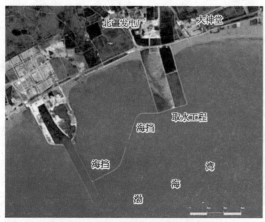

(c) 取水工程竣工2010年3月10日遥感图

(d) 2009年一期工程投产运行

(e) 2009年一期工程投产运行

(f) 2010年一期工程海水淡化首套装置已投入运行

(g) 2018年二期工程竣工投产试运行　　　　(h) 电厂运行中(沉淀调节池、冷却塔等建筑)

图 5－3　北疆发电厂项目及其取水工程实施过程示意

北疆发电厂项目采用发电-海水淡化-浓海水制盐-土地节约整理等循环经济开发运营模式,规划建设 $4×1\,000$ MW 超超临界燃煤发电机组和 40 万 t 日海水淡化工程,工程总投资 260 亿元。工程分两期建设,留有三期扩建余地。一期工程建设 $2×1\,000$ MW 发电机组和 20 万 t/天海水淡化工程,一期发电工程静态投资为 88 亿元,海水淡化工程投资为 25 亿元,项目一期计划投资约为 120 亿元。

2005 年 10 月 27 日,国家发改委等 6 部委联合发文,将天津北疆发电厂列入国家循环经济第一批试点单位。2007 年 5 月 10 日项目获得国家发改委核准,被国务院列入"十一五"循环经济示范工程。

一期工程于 2007 年 7 月 26 正式开工。2007 年 9 月工程项目通过设计审查,电厂取水工程随即开始实施。沉淀池护堤设计安全等级为一级,结构形式为斜坡堤。堤心为大型充填沙袋或局部抛石,护堤总长度为 13 568 m。2009 年 8 月一期工程竣工,2009 年 9 月 24 日 1 号机组正式投产发电,2009 年 10 月 26 日海水淡化首套装置成功出水,2009 年 11 月 30 日 2 号超超临界燃煤发电机组 168 h 满负荷试运行圆满完成、顺利投产发电,各项参数、指标达到设计规范要求。2010 年 4 月首期每日 10 万 t 海水淡化装置全部调试成功。

2010 年 10 月 14 日,国家能源局正式发文同意北疆发电厂二期工程 $2×1\,000$ MW 级机组项目开展前期工作。2010 年 12 月 17 日,二期工程项目可行性研究报告在天津市通过电力规划设计总院主持的专家审查。2011 年 3 月,电力规划设计总院印发文件,正式审查通过国投北疆发电厂二期工程项目可行性研究报告。2011 年 5 月 30 日,水利部以水保函〔2011〕158 号文件,正式审批同意天津国投北疆发电厂二期 $2×1\,000$ MW 级机组工程水土保持方案。2012 年 4 月 1 日,环境保护部以环审〔2012〕95 号文件,正式审批同意国投北疆发电厂二期扩建 $2×1\,000$ MW 级机组工程环境影响报告书。

2014 年 1 月二期扩建工程初步设计通过预审查。2014 年 11 月 26 日二期工程现场开工,同步建设脱硫脱硝装置、日产 30 万 t 海水淡化装置、年产 150 万 t 精制盐和年产 30 万 t 盐化工工程。2015 年 3 月 6 日三号锅炉钢架开始吊装,7 月 24 日七层钢架施工到顶,第一根大板梁安装就位。2016 年 5 月 7 日 DCS 系统受电一次成功,7 月 16 日厂用电系统成功倒送电,18日汽轮机完成扣双缸。2017年1月18日定速一次成功,9月8日海水淡化水系统制出合格水,9月28日500 kV倒送电成功。2018年6月3日实现脱硫废水零排放,4号机组和3号机组分别于6月14日和6月22日脱硫废水零排放168 h试运行圆满成功。

2018年10月,天津市环保厅发布天津北疆发电厂二期扩建项目(2×1 000 MW)(第一阶段)噪声、固体废物污染防治设施竣工环保验收拟审批意见。

5.3.2　工程实施效果

1)北疆发电厂工程实施综合经济效益

北疆发电厂项目包括发电工程、海水淡化、浓海水制盐、土地节约整理和废弃物资源化再利用等5个子项目。采用世界最先进的"高参数、大容量、高效率、低污染"百万千瓦等级超超临界发电机组,综合供电煤耗256 g/(kW·h),比全国平均供电煤耗低88 g/(kW·h);工程采用目前国际最高标准除尘和脱硫装置,各项环保指标均高于国家标准,脱硫效率≥96.3%,除尘效率≥99.82%,烟尘排放浓度≤20 mg/m³,NOx排放浓度不大于450 mg/m³。国家发改委已核准一期工程CDM减排量为72.5万t/年,至2012年总量为235万t二氧化碳当量。二期工程实施后,总除尘效率≥99.915%,脱销效率≥80%,NOx排放浓度控制在80 mg/m³以内。高标准完成了全厂绿化和景观工程,呈现于世人面前的是一座兼具工业旅游和科普教育功能的花园式景观电厂,如图5-4所示。2017年7月,北疆发电厂被评定为三星级(最高星级)绿色火电企业。

作为循环经济的龙头和环渤海地区重要的电力能源供给基地,北疆电厂采用"发电-海水淡化-浓海水制盐-土地节约整理-废物资源化再利用""五位一体"循环经济模式,实现了资源高效利用、能量梯级利用和废弃物全部资源化再利用和全面的零排放。项目建成后成为资源利用最大化、废弃物排放最小化、经济效益最优化的循环经济示范项目和高效节能减排项目,对于推动我国循环经济发展、电力事业进步和区域经济发展具有重要的意义。北疆发电厂项目投入运营后,带动了天津滨海新区乃至天津市如下几大产业发展。

(1)能源。一期工程投产后,每年向滨海新区、京津唐地区和环渤海经济圈提供电能110亿 kW·h,基本满足了天津市用电需求,并有效缓解了华北地区用电紧张的状况。随着二期扩建工程两台百万千瓦机组全面投产,国投北疆电厂跃升为京津冀地区装机容量最大电厂,年发电量达220亿 kW·h,成为华北电网的重要电源支撑,为华北地区能源安全作出了更大贡献。这也必将为建设环渤海经济圈、推动京津冀协同发展和打赢蓝天保卫战提供坚强而有力的保障。

(2)海水淡化。与发电项目一期工程配套建设的20万t/天的海水淡化装置。海水淡化工程是循环经济的关键环节,采用了目前具有国际先进水平的"效率高、成本低、防腐性能好、适应性强"的低温多效海水淡化技术。利用发电余热进行海水淡化,相对于常规发电机组可提高10%左右的全厂热效率。2010年一期工程竣工投产后,年产淡化水6 570万t,造

(a) 厂区花园式景观

(b) 公园旅游与科普教育基地

(c) 电厂美景远眺(沉淀调节池与冷却塔等)

图 5-4　北疆发电厂景色

水比等指标均达到或超设计值(表 5-1),指标符合《国家饮用水卫生指标》的要求。发电海水淡化及建材直接年产值约 50 亿元。二期工程建成后,新增海水淡化能力为 30 万 t/天,造水比提高至 16.2,年产淡化水约 13 300 万 t。淡化水除去发电自用外,90%向社会供应,每年可供淡水资源 1.2 亿 t,为解决天津市乃至我国环渤海地区淡水资源匮乏问题探索出了一条切实可行的道路。

表 5-1　海水淡化装置运行指标[17]

运行指标	序　号	项　　目	数　　值	备　　注
海水淡化运行指标	1	造水比	14.02	
	2	冷凝水产量(t)	18 603	
	3	产品水产量(t)	182 187	

（续表）

运行指标	序　号	项　目	数　值	备　注
海水淡化运行指标	4	产品水电导(μs/cm)	3.39～6.67	合格率100%
	5	冷凝水电导(μs/cm)	1.23～2.92	合格率100%
	6	浓盐水电导(μs/cm)	64～98	
海水预处理运行指标	1	进水流量(t)	39 308	
	2	进水浊度(NTU)	1.30～11.57	
	3	进水 pH	8.33～8.46	
	4	出水浊度(NTU)	0.93～3.07	合格率100%
	5	出水 pH	8.36～8.47	合格率100%

（3）浓缩海水制盐。浓海水制盐是该项目循环经济优势的最大亮点。经实测,浓海水浓度达到 6°Bé,排水温度为 40℃,与采用原海水进行晒盐相比,海水淡化后的浓缩海水引入天津汉沽盐场,大大提高了制盐效率。一期工程投产后,盐场年产量提高 45 万 t,接近于该盐场年产量。二期工程投产后,浓海水浓度达到 10°Bé,北疆发电厂可年产精制盐 150 万 t。

（4）海洋化工。制盐母液进入化工生产程序,生产溴素、氯化钾、氯化镁、硫酸镁等市场紧缺的化工产品。一期工程投产后,年产 15 万 t 真空制盐、2 600 t 溴素和 3 500 t 氯化钾,并富产 3.5 t 氯化镁和 5 000 t 硫酸镁。二期工程投产后,海洋盐化工相关产品产能达 30 万 t。至此,海水被"吃干榨净",实现零排放。

（5）土地开发。采用浓缩海水制盐,一、二期工程实施后可以置换出盐田用地约 200 km²,通过对土地进行平整和开发,大大提高土地利用价值,从而为滨海新区的新一轮开发、开放提供宝贵的土地资源。目前滨海新区内大型建设项目如中新生态城、中心渔港等,均大面积利用了退盐后的汉沽盐场盐田作为开发建设用地。此外,由于海水只"取"不"排",避免了对渤海湾的海洋环境污染。

（6）废弃物再利用。这是本项目绿色环保的集中体现。利用发电环节产生的粉煤灰等废弃物用于生产建材,实现全部综合利用。一期工程投产后,每年为天津市开发建设提供 150 万 m³ 建筑材料。同时,与邻近化工厂产出的电石废渣配制生产新型建材,每年消化产出的 16 万 t 电石废渣,并逐步消化已积存了 40 多年的 160 万 t 电石废渣,腾出退房用地 60 万 m²。二期工程投产后,废弃物再利用的规模与效益显著得提高,对外采暖供热 1 200 万 m²,并实施了二氧化碳减排试点工程。

2）取水工程运行情况

（1）沉淀池内泥沙回淤。

此前未曾进行沉淀池内泥沙清淤维护,2020 年 11 月测定的取水工程两级沉淀池内地形如图 5-5(a)所示。因未获得沉淀池内竣工地形资料,现以两级沉淀池设计地形[图 5-5(b)]

(a) 2020年11月实测地形

(b) 设计地形(取水工程2009年8月竣工，电厂正式取水运行时间)

图 5-5　北疆发电厂取水工程两级沉淀池内地形形态

为参照进行泥沙淤积情况分析,两级沉淀池淤积分布形态如图 5-6 所示。根据发电厂项目实际投入运行情况,综合考虑 2009 年 8 月一期工程竣工、2009 年 9 月 1 日机组正式投产、2009 年 10 月海水淡化首套装置成功出水、2009 年 11 月 2 日发电机组顺利投产发电、2010 年 4 月首期日产 10 万 t 海水淡化装置全部调试成功等,假定电厂一期工程(两台机组运行及日产 20 万 t 淡化水,实际为日产 10 万 t 淡化水)设计取水流量 10.5 m³/s 起始时间为 2010 年 1 月;假定一期、二期工程全面投产(4 台机组运行及日产 40 万 t 淡化水,二期增加日产 30 万 t 淡化水)设计取水流量 18 m³/s 起算时间为 2018 年 6 月。沉淀池内泥沙淤积量统计见表 5-2。从图表中可见,运行 10.83 年,取水工程两级沉淀池普遍淤积,泥沙淤积总量为 267.8 万 m³,年均平均淤积厚度为 0.136 m。

图 5-6 北疆发电厂取水工程 2009 年 8 月至 2020 年 11 月两级沉淀池内泥沙淤积形态

表 5-2 2010 年 1—11 月取水工程两级沉淀池内泥沙淤积统计

区 域	面积(km²)			+占比	变化幅度(m)		变化体积(万 m³)		
	合计	+	−		平均淤积	淤积年化平均	+	−	净值
一级沉淀池	1.110	1.032	0.078	93.0%	1.464	0.135	151.1	−5.6	145.5
一级沉淀池	0.832	0.782	0.050	94.0%	1.492	0.138	116.6	−2.6	114.0
合计	1.942	1.814	0.128	93.4%	1.478	0.136	267.8	−8.2	

注:"+""−"分别代表地形增高和降低,其中地形增高与淤积基本同义;总体平均=变化净体积/总面积,平均淤积=增高体积/增高区域面积,淤积年化平均=平均淤积/资料时段的年数,2010 年 1—11 月时段长度为 10.83 年。

根据前面的假定,取水流量 10.5 m³/s 累计运行时间(2010 年 1 月—2018 年 6 月)为 8.417 年,以 365 天计算其年取水量为 33 112.8 万 m³;取水流量 18 m³/s 累计运行时间(2018 年 6 月—2020 年 11 月)为 2.417 年,其年取水量为 56 764.8 万 m³。按照本书研究阶段 50% 典型潮高潮位平均条件下一级进水闸前水体含沙量为 0.84～1.15 kg/m³(表 4-7),并将一年以上淤泥沉积物密度取值为 1 350 kg/m³,计算了一级进水闸前水体不同含沙量条件下取水工程全面运行以来进入沉淀池的合计泥沙量,见表 5-3。鉴于淤泥多年沉积物密度为 1 200～1 800 kg/m³,甚至更大,表中也列出了相应于淤泥沉积物密度取值为 1 500 kg/m³ 的计算合计进沙量(括号中)。此外,以两级沉淀池沉沙效果为 93%～95% 的研究结论为依据,反推表 5-2 中相应于淤积总量 267.8 万 m³ 的进沙总量为 281.9 万～287.9 万 m³,介于表 5-3 一级进水闸前水体含沙量为 1.00～1.05 kg/m³ 条件的计算结果之间;若以括号中结果看,则接近于一级进水闸前水体含沙量为 1.10 kg/m³ 条件。总之,对比分析表明,两级沉淀内泥沙淤积量的研究预测结果与约 11 年来的工程实际运行情况相当一致。

表 5-3　2010 年 1—11 月取水工程两级沉淀池内泥沙淤积计算分析

一级闸前水体含沙量(kg/m³)	取水流量 10.5 m³/s、8.417 年			取水流量 18 m³/s、2.417 年			计算期合计进沙量(万 m³)
	年取水量	年进沙量	总进沙量	年取水量	年进沙量	总进沙量	
0.84	33 112.8	20.60	206.04	56 764.8	35.32	29.43	235.47(218.34)
0.90	33 112.8	22.08	220.75	56 764.8	37.84	31.54	252.29(233.93)
1.00	33 112.8	24.53	245.28	56 764.8	42.05	35.04	280.32(259.93)
1.05	33 112.8	25.75	257.54	56 764.8	44.15	36.79	294.34(292.92)
1.10	33 112.8	26.98	269.81	56 764.8	46.25	38.54	308.35(285.92)
1.15	33 112.8	28.21	282.07	56 764.8	48.36	40.30	322.37(298.91)

注:一级闸前水体含沙量为 50% 典型潮高潮位平均条件下的研究阶段估算值;总体平均=变化净体积/总面积,平均淤积=增高体积/增高区域面积,淤积年化平均=平均淤积/资料时段的年数,2010 年 1—11 月时段长度为 10.83 年。

(2) 原海水水质监测。

根据北疆发电厂提供的 2011 年 3 月—2021 年 3 月原海水水质检测(月)报告资料,分析了其中悬浮物含量(以悬沙为主)和 pH 指标的情况及其变化,如图 5-7(b)和图 5-7(c)所示。可以清楚地看到,除了 2018 年 7 月(65 mg/L)1 次超标外,原海水悬浮物含量均优于设计标准 50 mg/L(即取水口水体含沙量≤0.05 kg/m³),反映了取水工程投运以来水质优良的总体运行情况。

5.3.3　一期工程直接经济效益

发电厂项目一期工程实行电水盐化材一体化开发,着力提高能源利用效率和资源产出效率。全厂热效率从传统电厂的 45.16% 提升至 55.70%,节省淡水资源开采 532.4 万 t/年,

(a) 原海水水质检测报告

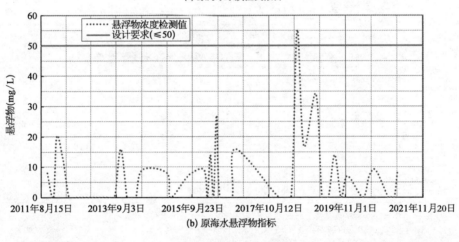

(b) 原海水悬浮物指标

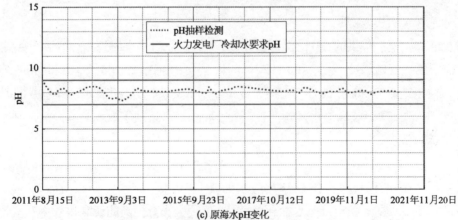

(c) 原海水pH变化

图 5-7 北疆发电厂取水工程原海水水质检测

新增盐及盐化产品产量,同时节省盐田占地等。这些循环经济具有节能、节水、节地及环保效益,有些最终通过降低工程投资和运营成本,减少排污收费等转化为经济效益而体现出来,有些则获得实在的现金收益。一期工程总投资 1 322 503 万元,建成后实现年产值 404 714 万元、年利税 104 034 万元,经济效益良好,保证了循环经济产业链可持续运转,带动地方经济发展(表 5-4)。

表 5-4 北疆发电厂一期工程直接效益基本经济数据[17]

项目名称	项目规模	投资 (万元)	产品和产值		利税 (万元/年)
			产品	产值(万元/年)	
发电工程	2 台 100 万 kW	952 813	电:110 亿 (kW·h)/年	340 270	95 838
海水淡化 工程	20 万 t/天	261 600	淡化水: 6 570 万 t/年	37 049	2 277
浓海水制盐	45 万 t/年	33 454 (汉沽盐场投资)	盐:50 万 t/年 溴素等:6 万 t/年	22 295	5 067
粉煤灰 综合利用	粉煤灰分选装置: 4×40 t/h 粉煤灰加气混凝土 砌块生产线: 30 万 m³/年	74 636	混凝土砌块: 30 万 m³/年	5 100	852
合　计		1 322 503		404 714	104 034

5.4　工程对附近海域岸滩的影响

北疆发电厂自 2007 年 7 月开工建设,2009 年 8 月取水工程竣工,2009 年两台机组先后投产发电,2010 年 4 月首期每日 10 万 t 海水淡化装置全部调试成功,并生产出高品质的淡化海水,标志着该项目的循环经济建设目标全部实现。由于取水工程竣工即代表发电厂项目涉海工程完工,因此,在分析附近海域岸滩变化时,将"工程后"的起始时间定义为 2009 年 8 月。当然这里需要指出,此处"工程后"中的工程不仅仅指北疆发电厂取水工程,应该还包括工程区海域先后建成的天津中心渔港[电厂取水工程西侧约 5 km,规划面积 18 km²,其中港域规划面积 8 km²。2007 年 7 月正式开工,当年完成 10 km 防波堤修筑,2008 年完成 1 800 万 m³ 港池疏浚和 3.5 km² 吹填造陆,2009 年建成 6 个 5 000 t 级码头并试通航,图 5-3(b)(c)]、中新天津生态城临海新城(位于永定新河口北侧,规划面积 28 km²。滩涂造陆工程于 2006 年 7 月正式启动,2010 年 3 月实现规划围堤基本合拢,2014 年 3 月一期规划造陆区初步完成)、天津港东疆港区(位于永定新河口南侧,规划面积 30 km²。2006 年 5 月完成贯穿东疆港区南北主干道基础建设,同年年底 6 km² 造陆全部达到标高+5.0 以上,2011 年东疆港区全部成陆)等涉海工程。

5.4.1 海床底质变化

2012年10—11月在电厂取水工程区以南永定新河口附近海域进行了海床底质测定,该测次自北向南布置了1♯～5♯共5条断面,共50个海床表层沉积物采样点,位置如图5-8所示。实际采样点49个(1号点已成陆未采样),表层沉积物分析断面平均结果列于表5-5,底质类型分布如图5-8所示。

图5-8　工程区海域2012年10—11月测次底质采样点位置及底质类型分布示意图

表5-5　工程区附近海域2012年10—11月测次底质采样各断面情况统计

断　　面	采样点号	中值粒径(mm)	分选系数	沉积物类型
1♯	2～10	0.013 5	1.83	5,7点位STY,其余YT
2♯	11～20	0.010 0	1.77	YT
3♯	21～30	0.014 0	1.77	29点位STY,其余YT
4♯	31～40	0.009 9	1.72	YT
5♯	41～50	0.010 9	1.90(46号2.35)	46点位TY,其余YT
平均值	—	0.011 7	1.80(分选度2级)	YT分布为主

注:按照《海洋监测规范》划分标准,本调查区沉积物分选度为2级,即分选系数大于1.4分选程度中常,大于2.2分选程度差。

总体情况是,调查区沉积物以黏土质粉砂(YT,占91.83%)和砂-粉砂-黏土(STY,占61.2%)分布为主,仅46号点为粉砂质黏土(TY,占2.04%,图5-7);沉积物粒径偏细,中值粒径为 0.006～0.029 mm,平均值 0.012 mm 比工程前平均值 0.018 3 mm 有所减小;沉积物分选程度属于中常区。分选系数为 1.52～2.35,各断面平均分选系数为 1.72～1.90,平均值 1.80;仅 46 号点底质分选程度差,分选系数 2.35 大于 2.2。

2013 年 10 月在工程区海域进行了 261 个底质采样,如图 5-9 所示。底质采样结果表明,包括永定新河口在内的工程区海域底质中值粒径范围 0.004～0.018 mm 和平均值 0.007 4 mm 比工程前平均值继续减小,含泥量 26.75%～55.02%(个别测点含泥量为 14.71%～23.44%),中心渔港和北疆发电厂之间海挡龙口处个别采样点底质中值粒径为 0.04 mm 左右。工程区以南海河口海域底质更细一些,中值粒径为 0.004～0.008 mm、含泥量为 25.83%～54.97%。与工程前情况(图 2-5 和图 2-6)对比可见,工程后电厂取水工程附近海域底质泥沙总体上有一定程度细化。

图 5-9　工程区海域 2013 年 10 月沉积物中值粒径 d_{50} 分布与等值线

综合分析上述海床底质资料,工程后工程区附近海域总体海床底质类型及其分布变化不大,底质为黏土质粉沙或粉砂质黏土,中值粒径平均值呈现一定程度减小细化趋势。个别区域局部底质发生局部变粗变化并非趋势性演变,这是因附近新建涉海工程或取泥吹填造陆等人类活动引起水动力局部突变所导致。

必须指出,除了实测时间的季节不同会产生底质取样结果的差异之外,还有多方面因素会引起工程后海域底质细化。比如,永定新河纳潮河段长度因河口建闸(2007 年 11 月—2010 年 6 月为防潮闸施工期,2011 年 5 月建成通水)而缩短,永定新河口附近海域一定范围内涨落潮潮流流速减小;工程区海域若干滩涂造陆(天津东疆港区、中心渔港和北疆发电厂取水工程等)和局部岸段海挡外移,以及附近港口疏浚抛泥等人类活动因素的变化(图5-10)都会产生影响。

(a) 2006年4月

(b) 2018年5月

图5-10 工程区海域遥感图

5.4.2　岸滩地形变化趋势

根据收集到的海图和测图资料，分析工程区海域岸滩地形变化与冲淤趋势。2013 年、2018 年工程区海域地形如图 5‐11 所示。图 5‐12 显示了永定新河口附近海域 2004 年、

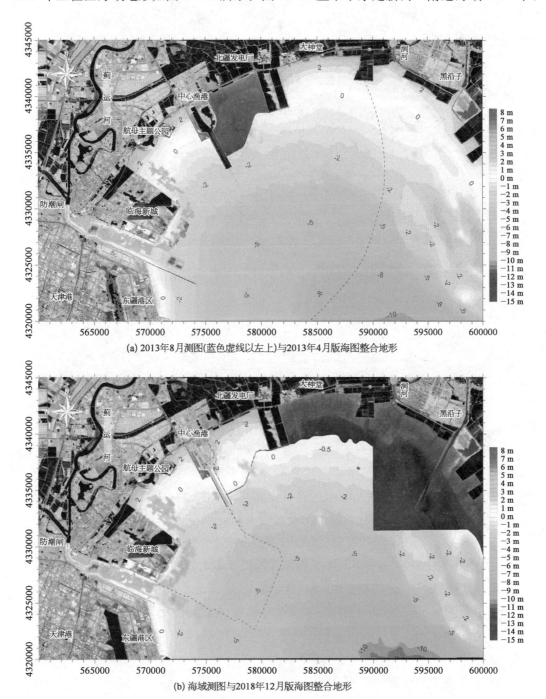

(a) 2013 年 8 月测图(蓝色虚线以左上)与 2013 年 4 月版海图整合地形

(b) 海域测图与 2018 年 12 月版海图整合地形

图 5‐11　北疆发电厂项目工程区海域地形变化

(黑色虚线之内 2018 年 7 月，中心渔港与取水工程之间海挡内 2016 年 9 月)

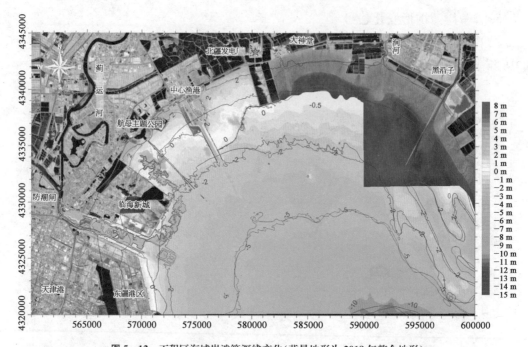

图 5-12　工程区海域岸滩等深线变化(背景地形为 2018 年整合地形)

(红色为 2004 年 11 月整合地形等深线,蓝色为 2013 年 8 月整合地形等深线)

2013 年和 2018 年岸滩等深线变化(0 m,2 m,5 m 和 10 m)。从图 5-12 可见,工程区海域 5 m 等深线形态及位置基本稳定,2 m 等深线附近岸滩呈现轻微淤积外移(取水工程南侧至临海新城东北角附近一线水域较为明显,外移 0.5~1.8 km),0 m 等深线也有一定程度外移(以取水工程与中心渔港之间水域最为明显,平均外移约 2.0 km)。取水工程东南侧海域的局部沙坝深槽区地形总体保持冲淤基本稳定状态。

　　从图 5-13 可见,取水工程东侧附近 0 m 等深线以上(高于理论基准面 1 m)岸滩淤积变化速率明显快于取水工程与中心渔港之间外移海挡内水域;当水边线位于沥水蓄水池西防护堤离岸中点附近位置时,取水工程东侧相同潮位水边线距离沉淀池防护堤外海侧堤头仅约 500 m,东侧水边线比西侧向海突出约 1.2 km。

　　由图 5-14(a)可见,与工程前(2004 年地形)相比,2013 年 8 月时(工程后 4 年,以 2009 年 8 月一期工程竣工起算),取水工程沉淀池挡沙堤东侧附近水域出现了宽度为 450~1 200 m、厚度大于 0.5 m 的带状淤积,沉淀池南侧滩地 0.5 m 淤积带位于一级闸进水口以西、顺堤方向长度约 2.5 km、离岸向淤积带前缘参差不齐、在沉淀池南挡沙堤外大约 2.3 km,东南两侧沿挡沙提外侧厚度 1 m 以上淤积带宽度均在 50 m 以内,沉淀池东南角外侧滩面区淤积厚度在 0.25 m 以下,一级进水闸向南外海约 8.5 km 处存在一个斑驳状微冲或冲淤基本平衡区。临海新城北侧有明显的取泥区(最大挖深约 14.5 m),航母落位航道内全线淤积(最大淤积厚度约 4.5 m)。中心渔港西侧附近沿线淤积体厚度在 0.5~1.5 m,渔港西防波堤外侧顺堤分布 0.5 m 带状淤积体最大宽度约为 1.3 km。工程区附近海域总体上呈现

图 5 - 13　工程区海域岸滩 2018 年遥感图(局部放大)

微淤积状态,淤积厚度在 0.25 m 左右。

　　2016 年 9 月测图与 2004 年测图地形对比[图 5 - 14(b)]分析表明,除海挡口门内外范围局部冲刷外,取水工程与中心渔港海之间的海挡内区域普遍淤积,淤积厚度普遍大于 0.5 m,1 m 以上淤积体基本填满了海挡内西南角并向北沿堤和向东延伸,向东连体直抵取水工程西侧外南端区域,其中以中心渔港东外侧附近淤积最为明显,最大厚度超 3 m。海挡外水域总体也呈淤积状态,淤积厚度普遍在 0.5 以上。海挡口门左、右侧外侧近岸沿线区域淤积厚度大于 1 m、离岸方向宽度介于 1.3～1.6 km。中心渔港西防波堤外侧沿线和老海堤岸边也有厚度大于 1 m 淤积体分布,其宽度小于 500 m。中心渔港防波堤口门以内因建设渔港港池航道,地形浚深明显。

　　2013 年 8 月测图地形分别与 2016 年 9 月和 2018 年 7 月测图对比如图 5 - 15 所示。2013 年 8 月—2016 年 9 月,海挡外附近海域总体呈现淤积,大范围淤积厚度为 0.25 m,海挡外近岸各有一个厚度 0.5 m 的淤积体,海挡口门外左侧淤积体位于东段海挡、尺度约为 700 m(沿东侧海挡)×2 300 m(垂直东侧海挡走向),呈东南向延伸带状分布,淤积体前端距离电厂沥水池南堤约 1.5 km;海挡口门外右侧淤积体位于渔港航道东侧、西段海挡与中心渔港东防波堤所围三角区,呈基本平行于渔港航道的带状延伸分布,沿西侧海挡宽度约为 850 m、顺渔港航道方向长超过 3.8 km,与渔港外航道内更厚的淤积体外海端部分相连[图 5 - 15(a)]。

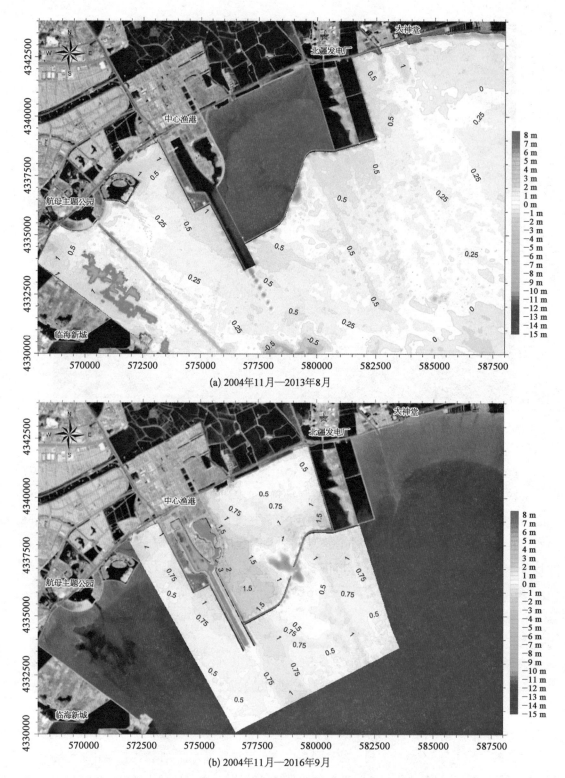

(a) 2004年11月—2013年8月

(b) 2004年11月—2016年9月

图 5-14 工程区附近海域 2004—2016 年水下岸滩地形变化形态

（包括临海新城北堤外侧人工取泥区取泥和中心渔港建设港池航道）

(a) 2013年8月—2016年9月

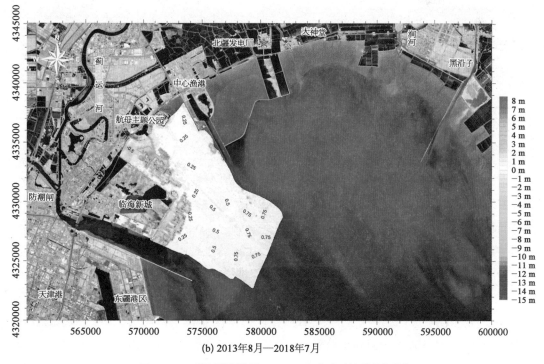

(b) 2013年8月—2018年7月

图 5 - 15　工程区附近海域 2013—2018 年岸滩地形变化形态

2013 年 8 月—2018 年 7 月,中心渔港与临海新城之间及附近海域总体呈现淤积,大范围淤积厚度为 0.25 m 或以下,厚度 0.5 m 的窄条状淤积散布于临海新城东北角以东 3.0～7.5 km 的海域海床。临海新城北侧海域原有取泥坑区回淤明显,淤积厚度在 1.0～3.5 m。向北拓展的新取泥区浚深幅度为 8.0 m 左右,中心渔港西防波堤中部外侧也出现了一小块取泥浚深区,最大浚深幅度约为 7.0 m;临海新城东堤外近岸水域取泥坑区内回淤厚度在 1.0～5.5 m,取泥区外海床淤积体呈连片状分布,厚度为 0.25～0.75 m。此外,从图 5-11(b) 中已经看不出滩面高程−1.5 m 以上那部分航母落位航道痕迹,即在 2013 年 8 月之前该段航道已淤平,滩面高程−1.5 m 以下外海段航母落位航道在 2013 年至 2018 年 7 月间仍有累积性回淤,如图 5-15(b)所示。

为了分析工程区附近岸滩冲淤演变趋势,从回淤区域年均回淤强度及其变化角度,进一步分析并补充了不同时段工程区附近海域的地形变化,结果见表 5-6 和图 5-16～图 5-18。

表 5-6　工程区附近海域 2004—2018 年不同时段岸滩地形变化分析统计

时　间	区　域	面积（km²）			＋占比	变化幅度（m）				
		合计	＋	－		最小	最大	总体平均	平均淤积	淤积年化平均
1609—1807	中心渔港西侧	15.237	13.275	1.962	87.1%	−3.94	4.72	0.094	0.181	0.037
1507—1807	临海新城东南侧	16.116	15.277	0.839	94.8%	−4.09	7.42	0.450	0.519	0.168
1007—1308	临海新城东南北侧	163.62	134.75	28.87	82.4%	−10.37	12.83	0.027	0.440	0.143
1308—1609	海挡外	46.120	45.015	1.105	97.6%	−1.73	6.64	0.324	0.338	0.110
1308—1807	临海新城东侧北侧	100.75	85.27	15.48	84.6%	−10.57	7.96	0.291	0.541	0.175
1007—1308	临海新城东南北侧	99.279	82.510	16.769	83.1%	−10.39	11.73	0.243	0.795	0.099
0411—1308	海挡外	46.729	45.352	1.377	97.1%	−7.5	7.11	0.422	0.454	0.052
0411—1609	海挡内	23.303	22.492	0.811	96.5%	−2.59	6.68	1.017	1.086	0.092
0411—1609	海挡外	46.732	45.991	0.741	98.4%	−3.31	7.06	0.680	0.703	0.059

　　注：时间标注中首两位均省略了"20"；"＋""－"分别代表地形增高和降低,其中地形增高与淤积基本同义,而地形降低很大程度受到人为浚深取泥或建设港池航道影响,冲刷所占份额很小;总体平均＝变化净体积/总面积,平均淤积＝增高体积/增高区域面积,淤积年化平均＝平均淤积/资料时段的年数。

图 5-19 为根据表 5-6 中分析结果绘制的工程区海域岸滩年化淤积变化趋势。将电厂取水工程竣工投产时间 2009 年 8 月称为工程前后分界点,周边的中心渔港、外移海挡、临海新城、东疆港区、永定河防潮闸等于 2008 年 9 月—2011 年 8 月基本形成,如图 5-20 所示。结合图 5-16～图 5-18 和表 5-6,可以比较清楚地看出,工程区海域持续呈现总体泥沙淤积特征,工程围堤外侧附近海域 5 m 等深线以浅岸滩地上年化淤厚为 0.037～0.110 m;在存在取泥浚深区的临海新城附近周边水域,岸滩回淤区年化淤厚明显较大,为 0.143～0.175 m,接近于无浚深区的两倍;海挡内回淤区年化淤厚约为 0.092 m,若以工程后时间折算则为 0.152 m。此外可以看出,工程后初期工程附近水域滩面冲淤调整较多或响应较快,调整幅度随着时间推移而趋缓趋小。

图 5 - 16　不同时段工程区附近海域岸滩地形变化形态

（海挡内、渔港口门内为 2004 年 11 月—2016 年 9 月，余者为 2004 年 11 月—2013 年 8 月）

(a) 2010年7月—2013年8月临海新城东侧、南侧和北侧

(b) 2010年7月—2018年7月临海新城东侧和北侧

图 5-17　不同时段工程区附近海域岸滩地形变化形态

图 5-18　不同时段工程区附近海域岸滩地形变化形态

[2016 年 9 月—2018 年 7 月中心渔港西侧(上),2015 年 7 月—2018 年 7 月临海新城东南侧(下)]

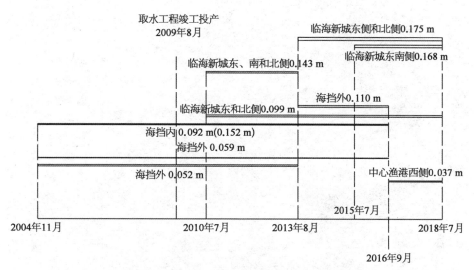

图 5-19　不同时段工程区附近海域岸滩淤积区域年化淤积变化趋势

(a) 2008年9月遥感图

(b) 2010年3月遥感图

(c) 2011年8月遥感图

图 5-20　工程区海域岸线变迁示意图

随着我国推进海洋生态文明建设,为了加快解决海洋资源环境突出问题,促进节约集约利用海洋资源,2017 年初国务院批准同意《海洋督察方案》。国家对沿海 11 个省市开展以围填海专项督察为重点的海洋督察工作,重点查摆、解决围填海管理方面存在的"失序、失度、失衡"等问题。经历了 2003—2013 年海洋滩涂开发利用 10 年高速发展期,作为我国海洋滩涂资源高效开发与综合利用的地区之一的天津市,是第二批 6 个督察对象之一。2018 年 7 月国务院发布《国务院关于加强滨海湿地保护严格管控围填海的通知》(国发〔2018〕24 号),从总体要求、严控新增围填海造地、加快处理围填海历史遗留问题、加强海洋生态保护修复、建立长效机制、加强组织保障等六个方面,对提高滨海湿地保护水平、严格管控围填海活动提出了总体部署。海洋督察中一项重要内容是对围填海工程进行海洋生态环境评估,而工程周边海域岸滩变化及其趋势是影响近岸海洋水文泥沙及生态环境重要的直接因素之一,也是政府相关监管部门十分关注的问题。

前文从岸线变迁、滩面冲淤平面形态分布和年化回淤幅度等角度,分析了发电厂项目工程附近海域岸滩变化及其趋势。而采用展示岸滩剖面的方式或形式,则可以从另一个侧面直观地反映工程前后滩面地形和岸坡变化及其演变趋势,也可为海洋生态建设方面的管理与决策提供更为直接且形象的参考。为此,在工程区附近海域自北向南布置了15 个岸滩断面(其中红色线即为第 2 章 2.1 节中工程前岸滩坡度分析的 3 个断面),各断面起点为 2005 年岸线,终点至工程前海图 5 m 等深线附近,断面走向大致垂直于岸线,其平面位置如图 5 - 21 所示。工程附近海域不同时间各岸滩形态与坡度如图 5 - 22～图 5 - 25所示。

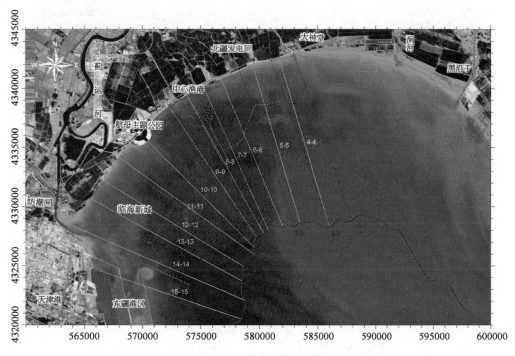

图 5 - 21　工程区附近海域岸滩断面与岸线位置示意图

(2006 年 5 月遥感底图,绿线为工程前海图 5 m 等深线,黄色虚线为 2018 年岸线)

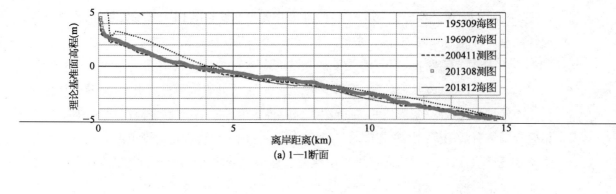

(a) 1—1断面

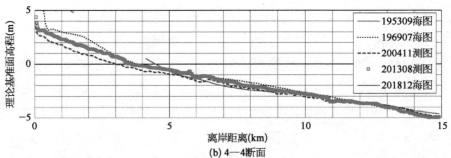

(b) 4—4断面

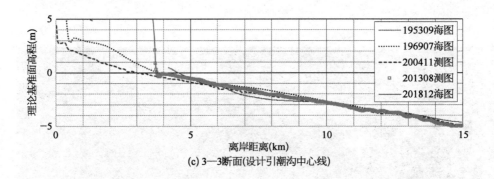

(c) 3—3断面(设计引潮沟中心线)

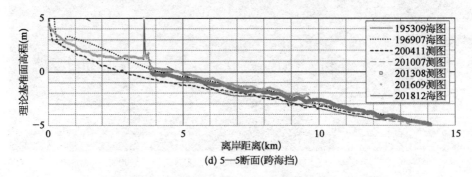

(d) 5—5断面(跨海挡)

图 5-22　工程区附近海域岸滩断面形态及其变化示意图

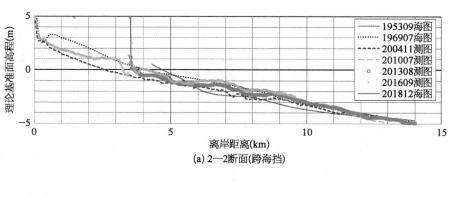

(a) 2—2断面(跨海挡)

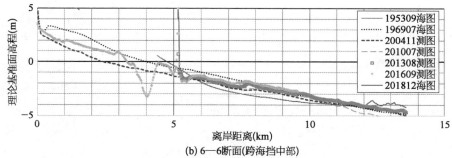

(b) 6—6断面(跨海挡中部)

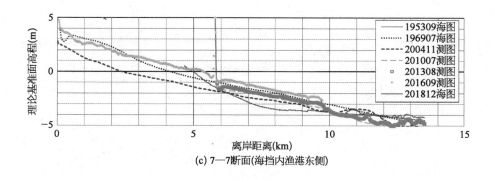

(c) 7—7断面(海挡内渔港东侧)

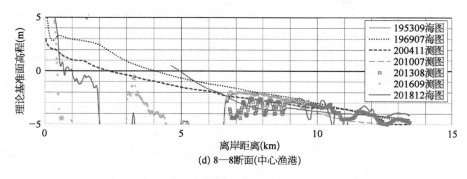

(d) 8—8断面(中心渔港)

图 5 - 23　工程区附近海域岸滩断面形态及其变化示意图

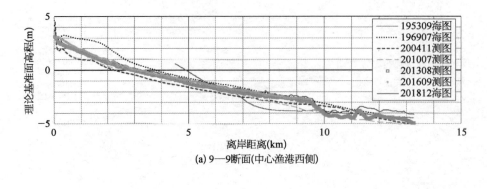

(a) 9—9断面(中心渔港西侧)

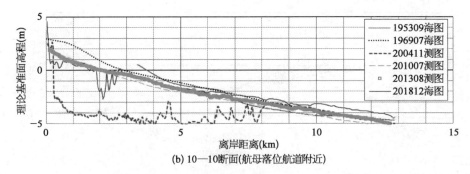

(b) 10—10断面(航母落位航道附近)

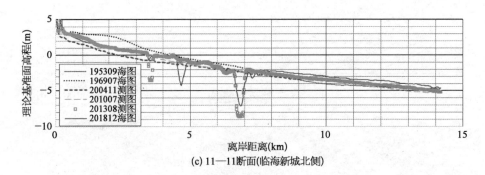

(c) 11—11断面(临海新城北侧)

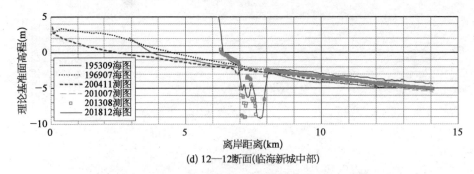

(d) 12—12断面(临海新城中部)

图 5 - 24　工程区附近海域岸滩断面形态及其变化示意图

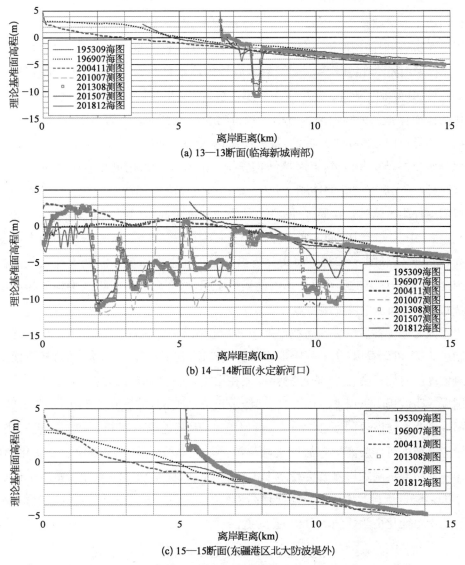

(a) 13—13断面(临海新城南部)

(b) 14—14断面(永定新河口)

(c) 15—15断面(东疆港区北大防波堤外)

图 5-25　工程区附近海域岸滩断面形态及其变化示意图

从岸滩剖面形态变化图中直观可见,滩涂开发利用造成周边新的人工岸线外移,如断面 2—2(取水工程西侧、跨外移海挡)、3—3(跨取水工程两级沉淀池及其南堤)~7—7(中心渔港东侧、跨外移海挡)、12—12、13—13(跨临海新城东堤)和 15—15(跨天津东疆港区北大围堤);工程附近海域浚深取泥规模和范围较大,临岸滩面受浚深取泥影响明显,如断面 8—8(中心渔港港池航道)、10—10(航母落位航道)、11—11~14—14(临海新城附近北侧、东侧和南侧永定新河口闸下通道内);航母落位航道、浚深取泥区和海挡内泥沙回淤显著且回淤速率较快,而浚深取泥区泥沙回淤相对较慢可能与受到人类活动因素较多和不断影响有关。

以航母落位航道 2003 年 8 月竣工起算,2 年内(2005 年 8 月,见图 2-8)近岸 5 km 以内航道由竣工时的略低于 −5 m 回淤至 −3 m 以上,而 2010 年 7 月该挖槽已经完全消失,即仅用不到 6.5 年时间挖槽被完全淤平。汉沽外移海挡于 2009 年 8 月与取水工程几乎同时竣工。海挡采用充砂管袋堤心斜坡堤结构,海挡内储水量约为 79×10^6 m³,海挡口门设计宽度 500 m,堤头口门滩面上充填 50 cm 厚沙被,沙被上再抛 50 cm 厚、规格 100~200 kg 块石作为滩面保护。因吐纳潮水海挡工程口门处最大水流流速为 6~8 m/s,海挡工程竣工后约 5 个月口门处发生局部冲刷,最大冲深达 6.9 m(冲坑底高程 −8.0 m),口门附近局部滩面物质流失严重,影响到了海挡结构安全。后来通过采用抛填合金钢网石兜防护措施,有效遏制了水流对堤头的冲刷,消除了海挡口门堤头局部冲刷隐患。至 2016 年 9 月,海挡口门内外附近依然存在局部冲刷坑,只是冲刷坑距离口门海挡堤头较远、冲刷深度较小(图 5-22 中 6—6 断面,冲坑底高程略低于 −3.0 m)。此外,海挡内泥沙回淤厚度总体也较大(图 5-21 和图 5-22)。前文分析提出工程前附近海域岸滩处于冲淤基本稳定状态。因此,如果不计竣工前外移海挡内的累积淤积,那么海挡内淤积区平均淤积厚度达到 1 m 以上所用时间也不过 7 年多点。

工程区海域工程后围堤或防波堤外至 −3 m 岸滩坡度统计见表 5-7。从上述岸滩剖面图和表 5-7 可以看出,距工程围堤或防波堤较远、较低(−3 m 以下)的自然滩面工程前后岸滩坡度没有明显变化,滩面冲淤幅度也在历史资料变化范围之内;−3 m 以浅特别是工程围堤或防波堤附近岸滩滩面淤高、岸滩坡度有所变陡,坡度在 0.540‰~1.070‰。位于东疆港区北大防波堤的断面 15—15 近岸坡度,因其建成时间相对较长而更有代表性,其近岸岸滩坡度可作为离岸向海围堤临岸滩面坡度演变趋向的参考值。从变化趋势看,工程围堤或防波堤附近岸滩坡度趋向于 1.150‰ 左右,堤岸临岸滩面冲淤基本平衡顶高程约为 3.0 m,略低于自然岸线附近滩面顶高程的约 3.5 m。因资料不足,无法进行取水工程东侧附近岸滩变化更为详细的分析,甚为遗憾。

表 5-7　工程区海域工程后围堤或防波堤外至 −3 m 岸滩坡度　　　　　　(单位:‰)

岸滩断面	2—2	6—6	7—7	12—12	13—13	15—15
岸滩坡度	0.558	0.460	0.540	1.022	1.041	1.070

注:根据 1969 年 7 月版海图和 2004 年 11 月测图资料,断面 1—1、2—2 和 3—3 三个岸滩断面,海图 0 m 以上岸滩平均坡度为 0.988‰,0 m 与 −2 m 之间岸滩平均坡度为 0.590‰(含 1953 年 9 月海图资料)。断面 6—6 近岸坡度受到口门局部冲刷影响偏小。

上述分析表明,工程区附近海域岸滩的变化趋势总体上与研究论证结果趋势一致,而泥沙淤积的实际变化在量值上略小于研究结果。初步分析其主要原因是工程区海域泥沙减少。一方面输入工程区海域的陆域和海相泥沙有较为明显减少;另一方面,周边海域多个滩涂开发利用项目既减少了工程海域泥沙运动活跃的浅滩面积(根据遥感图和水下测图地形资料统计,至 2018 年,天津海域滩涂开发累积面积约为 368.67 km²,约占 1953 年海图天津海域 5 m 等深线以内岸滩面积 865.12 km²的 42.62%,即意味着天津海域近岸海域海相泥沙供应区面积直接减少了将近 43%),又在邻近滩地浚深取泥取走大量泥沙用以滩涂造陆,而取泥浚深区回淤明显大于其他岸滩水域。当然,北疆发电厂投运 10 多年以来取水工程两级沉淀池内因取水淤积了近 300 万 m³,对于工程区海域泥沙回淤必然有所减少也是有一定贡献的。

鉴于工程海域近期泥沙来源总体上呈现减少趋势,初步判断,工程对附近海域岸滩影响的范围限于 5 m 等深线以浅水域,并且 0 m 和 2 m 等深线外移趋势也会有所减缓。不过,工程后至今的时间相对较短,工程区海域地形实测资料也比较有限并缺乏足够的系统性,而大范围的历年海图因其精度原因仅比较适用于分析时印证参考。因此,关于工程区海域岸滩冲淤演变趋势的上述判断,还有待得到今后更多、更大范围和更具系统性的实测资料验证。

第6章

淤泥质海岸全天候取水
工程总结与展望

6.1 淤泥质海岸全天候取水工程总结

6.1.1 全天候取水工程关键技术问题

天津北疆发电厂取水工程位于渤海湾西北湾顶,附近海岸属于典型的淤泥质海岸,工程前该海域岸滩宏观上处在冲淤基本平衡状态;工程区海域潮汐水流强度中等,波浪以小周期风生浪为主;工程区海滩坡缓、水浅,在风浪与潮流作用下水体含沙量较大、泥沙运动活跃,工程区附近海域还存在水下抛泥区,水下浅滩分布着大面积新淤淤泥,沟槽泥沙回淤严重。此外,冬季在离岸风作用下减水现象明显,可出现连续数日超低潮位过程,且常年有冰凌发生,重冰年浮冰会在近岸涉海建筑物附近产生叠冰现象。该海区又是风暴潮易发区域,风暴潮期间大浪及增减水会对近岸海工设施安全和泥沙淤积产生严重影响。

天津北疆发电厂取水工程关键技术研究与应用案例表明,满足全天候大流量安全取水设计要求是淤泥海岸取水工程的关键技术难题。取水工程进水条件(潮汐特性与泥沙环境)、取水工程布置方案、取水调度工艺流程和防淤减淤措施是取水安全的主要影响因素。合理布局取水工程方案、科学设计取水调度工艺流程和妥善解决泥沙问题是决定淤泥质海滩全天候取水工程建设中的关键技术问题。发挥不同研究手段各自长处,研究关键问题的不同侧重方面,采用理论分析、数学模型计算和系列物理模型试验相结合的综合性试验研究,是论证解决上述关键技术问题有效和可靠的技术手段。

6.1.2 取水工程布置方案

在淤泥质海滩传统引潮沟取水理念基础上,天津北疆发电厂工程创新开发了"两级沉淀调节池、两级可控进水闸、一级提升泵、一个沥水蓄水池"取水工程布置方案,取水安全性高、抵御异常天气能力强、对周边海域不利影响相对小,解决了淤泥海滩取水工程全天候取水的关键技术难题,为北疆发电厂取水工程设计和决策提供了坚实和有力的科学技术支撑。

6.1.3 取水调度工艺

该工程创新提出了"一级沉淀池高潮位间隔补水静沉、一级沉淀池补水与二级沉淀池进水时间错开、二级沉淀池再静沉并连续取水"的科学取水调度工艺基本流程,并提出了天气好时多补水、在可预见恶劣天气来临前综合利用库容预先补水等取水调度理念,有利于进一步提升取水安全、降低工程运行成本。

取水工程实施后,实现了渤海湾淤泥质海岸北疆发电厂全天候大流量安全取水的工程设计目标要求,为北疆发电厂项目采用"发电-海水淡化-浓海水制盐-土地节约整理-废物资源化再利用""五位一体"循环经济模式,为实现资源高效利用、能量梯级利用、废弃物全部资源化再利用和全面的零排放奠定了坚实基础。

6.2　研究展望

淤泥质海滩天津北疆发电厂取水工程方案研究,最终推荐和确定了"两级沉淀池、一级闸补水、二级闸取水"的总体布置方案,对于保障取水工程取水安全起到关键和决定性作用。工程实施后十多年来的实践表明,所采用的取水工程布置方案十分必要且运行可靠安全,为北疆发电厂项目循环经济模式的实现和稳定运行持续提供了优质水源,并有效地减少了电厂冷却水和淡化水处理过程中化学试剂投入量,既节约了生产运行成本又有利于生态环境保护。因此,北疆发电厂取水工程方案是淤泥质海滩全天候取水工程一个非常成功的案例,对于淤泥质海滩取水工程布置方案及相关的科学取水调度理念,具有一定示范意义。

从国家标准《工业循环冷却水处理设计规范》(GB 50050—2017)和海水水质国家标准可知,对于水质的评判实际上应包含多项指标。在北疆发电厂取水工程方案研究中,取水水质方面仅关注了水体含沙量;在泥沙沉降、扩散输移及取水工程周边水域泥沙冲淤问题研究中,也主要考虑了泥沙相关的物理变化,而忽略了水温变化、海水盐度、海水中生物与有机物含量和水质处理使用化学试剂等的影响;此外,在泥沙冲淤试验研究中采用的是概化的代表性单一大潮或典型潮循环运行。为了抓住主要矛盾和解决主要问题,方案研究论证采用上述方法无疑是正确的,工程实践证明对于泥沙淤积和取水水质等的论证成果是可信和可靠的。

随着泥沙运动力学与生态环境学等学科融合,以及泥沙运动学科理论不断丰富、物理模型试验控制与量测技术日益进步,能够得到泥沙运动、输移和冲淤演变试验研究更加精细化的成果。在对取水工程水质、工程区周边水域泥沙冲淤演变问题进行研究时,结合新型绿色生态海岸防护工程技术应用措施,采用更加贴近实际运行环境和更加全面反映波浪潮流等动力要素变化特性的概化手段与方法(如年代表波浪谱、大中小潮过程拟合概化等),能够对泥沙表现特性有影响的(如水温变化、盐度、泥沙絮凝、泥沙固结、有机物含量等)诸多因素进行综合考虑。从进一步节约工程投资和促进生态环境友好等角度,为海岸取水工程、海洋生态与环境工程、海岸港口航道及海岸工程设计、建设和政府相关部门管理决策,以及已有相关工程的扩建、维护等提供更为精准的研究成果。

参考文献

［1］ 宋祖诏,张思俊,詹美礼.取水工程[M].北京：中国水利水电出版社,2002.

［2］ 刘淑梅.天津大港浅滩取水与泥沙问题的解决[J].华北电力技术,1995(8)：28-31.

［3］ 北京国电华北电力工程有限公司勘测工程分公司.天津北疆发电厂工程可研阶段水文气象报告[R].北京：北京国电华北电力工程有限公司勘测工程分公司,2004.

［4］ 国家海洋环境监测中心.天津北疆发电厂工程水文泥沙调查研究报告[R].北京：国家海洋环境监测中心,2006.

［5］ 南京水利科学研究院.天津北疆电厂取水工程海域自然条件及泥沙运动特性分析报告[R].南京：南京水利科学研究院,2005.

［6］ 天津新港回淤问题研究工作组,南京水利科学研究院.关于天津港回淤问题的研究[J].新港回淤研究,1963(1).

［7］ 蔡爱智.渤海湾泥沙主要来源[J].海洋与湖沼,1981(1).

［8］ 南京水利科学研究院.永定新河口综合整治规划治导线调整模型试验研究报告[R].南京：南京水利科学研究院,2006.

［9］ 樊辉,刘燕霞,黄海军.1950—2007 年黄河入海水沙通量变化趋势及突变特征[J].泥沙研究,2009(5)：9-16.

［10］ 辛文杰,何杰.天津北疆电厂取水工程波浪潮流泥沙数学模型试验研究[R].南京：南京水利科学研究院,2006.

［11］ 钱宁,万兆辉.泥沙运动力学[M].北京：科学出版社,2003.

［12］ Richard Whitehouse, Richard Soulsby, William Roberts, et al. Dynamics of estuarine muds[M]. London：Thomas Telford Publishing, 2000.

［13］ Wilbert Lick. Sediment and Contaminant Transport in Surface Waters[M]. LA：CRC Press Taylor & Francis Group, 2009.

［14］ 孙林云,韩信,刘建军,等.天津北疆电厂取水工程物理模型试验研究报告[R].南京：南京水利科学研究院,2006.

［15］ 孙林云,韩信,刘建军,等.天津北疆发电厂供水系统模型试验补充方案研究总报告[R].南京：南京水利科学研究院,2007.

［16］ 孙林云,韩信,孙波,等.淤泥质海滩天津北疆电厂取水工程关键技术研究与应用[R].天津：天津国投津能发电有限公司;南京：南京水利科学研究院;北京：华北电力设计院工程有限公司,2011.

［17］ 于海淼.天津北疆发电厂循环经济可行性研究[D].天津：天津大学,2012.